Amel Dechemi

Approches de Fusion de Données Multisensorielle

Amel Dechemi

Approches de Fusion de Données Multisensorielle

Application à la Robotique Mobile

Presses Académiques Francophones

Impressum / Mentions légales

Bibliografische Information der Deutschen Nationalbibliothek: Die Deutsche Nationalbibliothek verzeichnet diese Publikation in der Deutschen Nationalbibliografie; detaillierte bibliografische Daten sind im Internet über http://dnb.d-nb.de abrufbar.

Alle in diesem Buch genannten Marken und Produktnamen unterliegen warenzeichen-, marken- oder patentrechtlichem Schutz bzw. sind Warenzeichen oder eingetragene Warenzeichen der jeweiligen Inhaber. Die Wiedergabe von Marken, Produktnamen, Gebrauchsnamen, Handelsnamen, Warenbezeichnungen u.s.w. in diesem Werk berechtigt auch ohne besondere Kennzeichnung nicht zu der Annahme, dass solche Namen im Sinne der Warenzeichen- und Markenschutzgesetzgebung als frei zu betrachten wären und daher von jedermann benutzt werden dürften.

Information bibliographique publiée par la Deutsche Nationalbibliothek: La Deutsche Nationalbibliothek inscrit cette publication à la Deutsche Nationalbibliografie; des données bibliographiques détaillées sont disponibles sur internet à l'adresse http://dnb.d-nb.de.

Toutes marques et noms de produits mentionnés dans ce livre demeurent sous la protection des marques, des marques déposées et des brevets, et sont des marques ou des marques déposées de leurs détenteurs respectifs. L'utilisation des marques, noms de produits, noms communs, noms commerciaux, descriptions de produits, etc, même sans qu'ils soient mentionnés de façon particulière dans ce livre ne signifie en aucune façon que ces noms peuvent être utilisés sans restriction à l'égard de la législation pour la protection des marques et des marques déposées et pourraient donc être utilisés par quiconque.

Coverbild / Photo de couverture: www.ingimage.com

Verlag / Editeur:
Presses Académiques Francophones
ist ein Imprint der / est une marque déposée de
AV Akademikerverlag GmbH & Co. KG
Heinrich-Böcking-Str. 6-8, 66121 Saarbrücken, Deutschland / Allemagne
Email: info@presses-academiques.com

Herstellung: siehe letzte Seite /
Impression: voir la dernière page
ISBN: 978-3-8416-2065-1

Copyright / Droit d'auteur © 2013 AV Akademikerverlag GmbH & Co. KG
Alle Rechte vorbehalten. / Tous droits réservés. Saarbrücken 2013

Ce travail est dédié à mes parents, pour les sacrifices et la patience dont ils ont fait preuve, surtout cette année. Pour vos encouragements, votre présence et pour m'avoir tant entourée et gratifiée de tant de sacrifices, voyez en ce travail ma gratitude, mon respect et surtout tout mon amour pour vous.

Je n'oublierai pas mes frères et sœurs : Sarah, Dina, Youcef et Zine El Abidine. Pour tous les moments, que je passe avec vous et pour votre présence qui fait qu'un sourire est toujours sur mon visage.

A ma grande famille, mes oncles et mes tantes et ma grand-mère, présents et aimants, avec toute mon affection pour tout ce qu'ils m'ont apportée comme soutien et présence.

A la mémoire de ma tante Houria et mon oncle Omar

Sommaire

Sommaire I
Listes des figures IV
Liste des tableaux VI

Remerciements

Introduction Générale 1

Chapitre I   *La Fusion de Données*

I.1 Introduction 5
I.2 La fusion de données 6
    I.2.1 Définition et terminologie 6
    I.2.2 Domaines d'applications 7
    I.2.3 Rôle et avantages de la fusion de données 8
I.3 Architecture de fusion de données 9
    I.3.1 Fusion temporelle 10
    I.3.2 Architecture de fusion de données centralisée 11
    I.3.3 Architecture de fusion de données décentralisée 11
    I.3.4 Architecture de fusion de données distribuée 12
    I.3.5 Architecture de fusion de données hiérarchique et hybride 12
I.4 Techniques de fusion de données 13
    I.4.1 Classification selon leur propriété temporelle 14
        I.4.1.1 La fusion statique 14
        I.4.1.2 La fusion dynamique 14
    I.4.2 Classification selon leur propriété mathématique 14
        I.4.2.1 Les méthodes probabilistes/statistiques 14
        I.4.2.2 Les méthodes ensemblistes 15
    I.4.3 Les techniques de fusion de données les plus connues 15
        I.4.3.1 Cartes d'évidence 15
        I.4.3.2 Méthodes Bayésiennes 17
        I.4.3.3 Théorie de l'évidence Dempster-Shafer 18
        I.4.3.4 Modèles de Markov cachés 18
        I.4.3.5 Techniques des moindres carrées 19
        I.4.3.6 Filtre de Kalman et ses extensions 19
        I.4.3.7 Intersection de covariance (CI) 21
I.5 Conclusion 22

Chapitre II   *La Perception en robotique*

II.1 Introduction 25

Sommaire

II.2 Les sources d'informations 25
    II.2.1 Les informations proprioceptives 25
    II.2.2 Les informations extéroceptives 27
II.3 Les capteurs de perception 27
    II.3.1 Les capteurs proprioceptifs 28
        II.3.1.1 Les odomètres 28
        II.3.1.2 Les accéléromètres 29
        II.3.1.3 Les gyroscopes, les gyromètres et les gyrocompas 29
        II.3.1.4 Les compas magnétiques 29
    II.3.2 Les capteurs extéroceptifs 30
        II.3.2.1 Les télémètres 30
        II.3.2.2 Les caméras 34
        II.3.2.3 Autres capteurs 36
II.4 Modélisation des mesures 36
    II.4.1 Les grilles d'occupation 36
    II.4.2 Les modèles géométriques 37
        II.4.2.1 Par télémétrie 37
        II.4.2.2 Par vision 37
    II.4.3 Représentation de l'environnement 37
II.5 La vision par ordinateur 38
    II.5.1 Définition de base 38
    II.5.2 Définition de la vision par ordinateur 39
    II.5.3 Les techniques de traitement d'image : extraction de primitives 39
        II.5.3.1 Gradients et Laplacien 40
        II.5.3.2 Transformée de Hough 41
        II.5.3.3 Autres techniques 43
II.6 Eta de l'art de la fusion multicapteurs 45
II.7 Conclusion 46

Chapitre III   *Application à la localisation et à la reconnaissance d'environnement*

III.1 Introduction 51
III.2 La localisation 51
    III.2.1 Les capteurs à ultrasons 51
    III.2.2 Méthode de localisation appliquée 52
    III.2.3 Localisation par la fusion en utilisant le filtre de Kalman étendu .56
III.3 La reconnaissance de lieux 61
    III.3.1 Traitement des données 62
    III.3.2 Classification par les capteurs à ultrasons 62
    III.3.3 Classification par les données images 66
    III.3.4 Fusion de données pour la reconnaissance d'environnement 70

Sommaire

III.4 Conclusion 73

Chapitre IV *Résultats et Interprétations*

IV.1 Introduction 77
IV.2 Résultats et interprétations 77
    IV.2.1 La localisation 77
    IV.2.2 La reconnaissance d'environnement 81
        IV.2.2.3 Classification par les capteurs à ultrasons 81
        IV.2.2.3 Classification par l'utilisation de la caméra 83
        IV.2.2.3 Classification par la fusion de données 87
IV.3 Conclusion 89

Conclusion générale 91

Annexes

Bibliographie

Liste des Figures

Figure I.1 : processus intelligent de fusion. ... 6
Figure I.2 : étapes élémentaires de fusion de données. ... 7
Figure I.3 : exemple d'un système de surveillance maritime ... 7
Figure I.4 : schémas temporels de fusion ... 10
Figure I.5 : architecture de fusion centralisée ... 11
Figure I.6 : architecture de fusion décentralisée ... 12
Figure I.7 : architecture de fusion distribuée. ... 12
Figure I.8 : architecture de fusion hiérarchique ... 13
Figure I.9 : architecture de fusion hybride ... 13
Figure I.10 : carte d'évidence idéale ... 16
Figure I.11 : carte d'évidence réelle ... 17
Figure I.12 : illustration de l'influence de ω sur la valeur de sortie C ... 22

Figure II.1 : exemple de modèle probabiliste simple de l'odométrie ... 27
Figure II.2 : exemple de combinaison de mesures pour les modèles probabilistes de l'odométrie ... 27
Figure II.3 : télémètre infrarouge Sharp ... 30
Figure II.4 : principe d'un télémètre à ultrason et exemple d'un télémètre ... 31
Figure II.5 : exemple de télémètres à ultrasons ... 31
Figure II.6 : télémètre ultrasonore Airmar AT120 et caractéristique d'émission ... 32
Figure II.7 : illustration d'un télémètre laser ... 33
Figure II.8 : exemple d'une caméra stéréoscopique ... 34
Figure II.9 : principe des caméras panoramiques catadioptriques ... 35
Figure II.10 : un exemple de caméra panoramique et une image exemple ... 35
Figure II.11 : les deux principes de la détection de contours : dérivée première et dérivée seconde (discontinuité du signal, dérivée première, dérivée seconde) ... 40
Figure II.12 : de gauche à droite, les masques de Roberts, Prewitt et Sobel ... 41
Figure II.13 : transformée de Hough ... 42
Figure II.14 : paramétrage polaire d'une droite ... 43
Figure II.15 : transformée de Hough ... 43

Figure III.1 : la triangulation à trois objets ... 53
Figure III.2 : la circonférence contient le robot et les balises, le robot est donc mal localisé . 53
Figure III.3 : position des obstacles par rapport du robot ... 54
Figure III.4 : triangulation géométrique généralisée ... 54
Figure III.5 : algorithme de Triangulation Géométrique Généralisé ... 55
Figure III.6 : division du plan selon λ_{12} ... 56
Figure III.7 : position du robot dans le repère univers R_u en fonction des données odométriques ... 57
Figure III.8 : algorithme de localisation par fusion de données ... 60
Figure III.9 : étapes suivies pour la fusion de données ... 62
Figure III.10 : disposition et regroupements des sonars ... 62
Figure III.11 : description géométrique des classes ... 63
Figure III.12 : fonction d'appartenance des entrées ... 65
Figure III.13 : fonction d'appartenance des sorties ... 65
Figure III.14 : diagramme résumant la classification par sonars ... 66

Liste des Figures

Figure III.15 *: organigramme résumant les étapes de traitement d'image pour la classification* 68
Figure III.16 *: définition géométrique des classes.* 68
Figure III.17 *: définition d'un couloir.* 69
Figure III.18 *: définition des caractéristiques du coin droit.* 69
Figure III.19 *: définition des caractéristiques du coin gauche* 70
Figure III.20 *: représentation de la fonction d'appartenance floue de la classe couloir émanant des capteurs ultrasons.* 72
Figure III.21 *: représentation de la fonction d'appartenance floue de la classe couloir par la caméra.* 72

Figure IV.1 *: trajectoire effectuée par le robot.* 77
Figure IV.2 *: résultats obtenus pour la localisation avec les différentes méthodes.* 79
Figure IV.3 *: trajectoires obtenues pour les deux méthodes.* 80
Figure IV.4 *: erreur de lecture.* 81
Figure IV.5 *: cas de changements de valeurs de covariance.* 81
Figure IV.6 *: résultats de l'étape de segmentation.* 84
Figure IV.7 *: résultats de l'étape d'extraction des caractéristiques.* 85
Figure IV.8 *: image finale avec détection des classes.* 86
Figure IV.9*: illustration d'un cas de non détection de primitives.* 87
Figure IV.10 *: changement des informations après 10 échantillons* 87

Liste des Tableaux

Tableau III.1 : *les différentes classes définies.* 63
Tableau III.2 : *résumé des caractéristiques géométriques des classes.* 70
Tableau III.3 : *notations des entrées de la classification des sonars.* 71
Tableau III.4 : *notations des entrées de la classification de la caméra* 72
Tableau III.5 : *notations des sorties* 72

Tableau IV.1 : *distances acquises par capteurs ultrasons.* 82
Tableau IV.2 : *distances acquises après regroupement et normalisation.* 82
Tableau IV.3 : *résultats de la classification par les capteurs à ultrasons.* 83
Tableau IV.4 : *résultats de la classification par les données images.* 86
Tableau IV.5 : *résultats de la classification par la fusion de données.* 88
Tableau IV.6 : *statistiques de la classification par les différentes méthodes.* 88

Remerciements

Je remercie ma promotrice, Pr N. Achour, pour m'avoir permise d'effectuer un travail aussi intéressant, de m'avoir guidée et conseillée et pour sa disponibilité sans faille tout au long de cette année. Qu'il me soit permis de lui exprimer toute ma gratitude et tout mon respect car ce fut un plaisir de travailler avec elle.

Aux membres du Laboratoire de Robotique, Parallélisme et Energétique, pour m'avoir accueillie au sein du laboratoire et de m'avoir aidée et conseillée. Je remercie aussi chaque enseignant, chaque étudiant, chaque personne qui a permis à ce projet de se concrétiser.

Je tenais aussi à remercier l'ensemble des membres du Laboratoire Robotique et Productique de l'Ecole Militaire Polytechnique, pour leur disponibilité, leur aide inestimable du fait des informations octroyées et transmises sans aucune limitation.

Préface

Depuis fort longtemps, l'humain rêve de créer des machines intelligentes capables d'effectuer des tâches à sa place. Ainsi, les humains auraient plus de temps à consacrer pour leurs loisirs, ou prendraient moins de risques pour effectuer des tâches dangereuses (atteindre des lieux inaccessibles pour l'homme, dans tous les milieux : les zones confinées, les constructions élevées, les fonds sous-marins, les environnements dangereux ou les autres planètes). Or, créer une machine pouvant réaliser des tâches que seuls les humains sont normalement capables de faire n'est pas aussi simple qu'on pourrait le penser car l'une des particularités de l'homme est son autonomie.

Afin d'être autonome, un robot mobile doit posséder de nombreuses capacités. Il doit, par exemple, être capable de percevoir son environnement et de se localiser dans celui-ci. Pour ce faire, un robot possède des capteurs, de type proprioceptifs, qui estiment l'état interne de la machine (odomètre, inclinomètre, magnétomètre, accéléromètre, centrale inertielle, GPS), et des capteurs extéroceptifs qui informent sur l'environnement extérieur (caméras, télémètres infrarouge, ultrason, laser, radar).

Les capacités les plus fondamentales d'un robot mobile intelligent peuvent être associés à la capacité d'identifier des environnements, estimer sa position, et planifier et commander ses mouvements pour atteindre la position d'une cible sans se heurter aux obstacles alentours.

La localisation relativement à l'environnement occupe une place de choix puisqu'elle détermine le bon déroulement d'autres applications telles que la planification et la navigation. Elle consiste à calculer et à maintenir à jour la connaissance de la position et de l'orientation du robot dans un repère absolu lié à l'environnement de travail. On se restreint ici au cas de systèmes naviguant sur le plan. Le robot est alors complètement localisé par deux paramètres de position et un paramètre d'orientation.

En plus de pouvoir percevoir globalement son environnement et se localiser dans celui-ci, un robot autonome doit souvent être capable d'identifier des objets, des lieux, de reconnaître des personnes, de lire des indications, et même de repérer des symboles graphiques. La reconnaissance d'environnement implique donc le fait de percevoir mais surtout d'interpréter l'information des capteurs extéroceptifs. Puisque les cartes d'environnement, l'évaluation de position et l'évitement d'obstacles sont basés sur la reconnaissance d'environnement, le calcul de la position précise des objets environnants et l'identification de leurs formes sont très importants.

La problématique est qu'un seul capteur est généralement insuffisant pour fournir tous les éléments nécessaires pour une bonne performance d'un système complexe. Alors, l'utilisation de plusieurs capteurs de même nature ou hétérogènes permet de pallier à ce problème, en conduisant à la mise en œuvre d'algorithmes de fusion de données multisensorielles pour exploiter la complémentarité et la redondance des mesures. On est donc amené à exploiter les mesures fournies par un système multi-capteurs pour permettre une évolution vers une autonomie croissante des systèmes robotiques.

Dans ce mémoire nous rapportons nos travaux qui ont porté essentiellement sur la fusion de données appliquée à la localisation et la reconnaissance d'environnement, c'est un projet proposé par le Laboratoire de Robotique et Parallélisme et Energétique de l'USTHB avec une assistance logistique apportée par le Laboratoire de Robotique et Productique de l'Ecole Militaire Polytechnique. Nous présenterons les deux approches pouvant résoudre les problèmes liés à la localisation d'un robot mobile et à la reconnaissance d'environnement et cela dans un environnement inconnu et nous mettrons en évidence l'intérêt de la fusion de données multisensorielles.

La localisation d'un robot mobile par le biais d'odomètres est très médiocre à cause de leurs erreurs cumulatives. Afin d'obtenir une meilleure précision et optimisation de la position du robot, nous avons "fusionné" les positions acquises par odométrie et celles calculées par le biais de la Triangulation Géométrique Généralisée. Cette dernière prend en considération les données ultrasonores pour calculer la pose du robot.

La reconnaissance d'environnement, quant à elle, permettra une classification d'attributs de lieux. Une préclassification sera effectuée par le biais des données ultrasonores et images puis une fusion des données obtenues mènera à une classification finale. Pour cela une étape de fusion de données homogènes des données ultrasonores sera effectuée par le biais de la logique floue. Les données de type images seront traitées à travers des méthodes de segmentation qui permettront une extraction de primitives.

Ce mémoire est structuré en quatre chapitres :

Le chapitre I est une introduction à la fusion de données à travers les différentes terminologies et processus liés à celle-ci. Nous présenterons aussi les architectures les plus utilisées dans ce domaine et un état de l'art des méthodes de fusion de données multisensorielles.

Dans le chapitre II, nous introduisons les différents capteurs utilisés dans la localisation et la reconnaissance d'environnement des robots mobiles, et les approches utilisées pour le traitement des mesures issues de ces capteurs.

Le chapitre III présente les approches étudiées et ceci par le biais des étapes suivies, d'une part pour la localisation et d'autre part pour la reconnaissance d'environnement. L'algorithme de triangulation géométrique généralisée et le filtre de Kalman seront détaillés ainsi que l'approche élaborée pour la localisation du robot mobile et celle concernant la reconnaissance d'environnement. Les différents traitements appliqués sur les données ultrasonores et images seront exposés et également le procédé de fusion utilisé.

Au début du chapitre IV, nous décrivons l'architecture matérielle et logicielle du robot mobile Pioneer II qui nous a servi de plateforme expérimentale pour l'acquisition des données réelles utilisées lors de notre simulation. Le reste du chapitre sera dédié aux résultats obtenus pour les différentes applications.

Nous terminerons ce mémoire par une conclusion générale synthétisant le travail accompli et exposant quelques perspectives futures.

Chapitre I
Etat de l'Art de la Fusion de Données

Chapitre I : Etat de l'Art de la Fusion de Données

I.1 Introduction:

Les humains et les animaux ont fait évoluer l'utilisation de leurs sens multiples pour améliorer leurs capacités à survivre. Par exemple, l'évaluation d'une situation quelconque ne peut pas se faire toujours en utilisant uniquement le sens de la vision; la combinaison de la vue, du toucher, de l'odorat, de l'ouïe et du goût est bien plus efficace. De même, quand la vision est limitée par les structures et la végétation, le sens de l'ouïe peut fournir l'avertissement avancé des dangers imminents. Ainsi la fusion de données est naturellement exécutée chez les humains et les animaux pour réaliser une évaluation plus précise de l'environnement et l'identification des menaces environnantes, améliorant de ce fait leurs chances de survivre.

Ces dernières années, la fusion de données multisensorielles a suscité une attention significative pour des applications militaires et non militaires. Dans ce sens, les techniques de fusion de données combinent des données de capteurs multiples et l'information relative des bases de données associées, pour réaliser des exactitudes améliorées et des inférences plus spécifiques qui ne pourraient être réalisées par l'utilisation d'un seul capteur. En résumé, Les techniques de fusion de données combinent des données de sources multiples pour obtenir des informations plus précises que celles obtenues en utilisant une source unique.

Le concept de la fusion multisensorielle est continue son développement, ceci dit, l'évolution des capteurs, de nouvelles technologies et l'amélioration des matériels le traitant rend la fusion de données en temps réel de plus en plus possible. L'intégration de l'opérateur humain exige une plus grande précision des informations de haut niveau et une meilleure optimisation dans leur utilisation.

Le domaine de la fusion de données devient particulièrement important autant d'un point de vue fondamental que pour des applications pratiques. La fusion de données trouve ses applications dans un grand ensemble de domaines tels que la robotique, le contrôle et le commandement militaire, la médecine, la vision robotique, l'interprétation d'images (fusion d'images satellites ou médicales), le contrôle et le monitoring de processus, l'extraction de connaissances dans de grandes banques de données, etc.

De nombreuses approches de la fusion de données ont été considérées, allant de l'utilisation de plusieurs capteurs complémentaires et/ou concurrents au raisonnement symbolique destiné à l'interprétation de données. Le but reste souvent l'utilisation optimale des données disponibles pour prendre une décision, quelque soit cette décision : un diagnostic, l'interprétation d'un signal ou d'une scène, une planification d'actions, etc... Ainsi, un élément crucial dans des systèmes souhaitant aboutir à une telle prise de décision est l'existence d'un mécanisme capable de modéliser, de *fusionner* et d'interpréter les informations disponibles. Les données fusionnées reflètent non seulement l'information générée par chaque source de données, mais encore l'information qui n'aurait pu être inférée par aucune des sources prises séparément !

Une des institutions ayant marqué l'avènement de la fusion de données est le JDL (Joint Directors Laboratories) Data Fusion Group. Ce dernier a permis de caractériser et d'étendre un lexique, une terminologie et des modèles de fusion de données qui sont aujourd'hui la base de beaucoup de travaux [1].

Chapitre I : Etat de l'Art de la Fusion de Données

I.2 La fusion de données :

I.2.1 Définition et terminologie:

La fusion de données est un processus intelligent qui peut être comparé à la façon dont notre cerveau fusionne les données sensorielles provenant de notre corps (œil, oreille, main, langue, peau). Ceci dit l'extension de la fusion de données a mis en évidence plusieurs définitions et termes utilisés pour expliquer ce qu'est la fusion de données. Beaucoup de chercheurs préfèrent poser une autre question qui est tout aussi cruciale : qu'est ce qui n'est pas une fusion de données?

Une autre définition explique que :
La fusion de données est un processus qui vise à l'association, la corrélation, et la combinaison des données et l'information des sources uniques et multiples pour atteindre des évaluations de position et d'identités améliorées. De plus, il s'agit d'avoir des évaluations complètes et opportunes des situations et des menaces, et leur signification. Le procédé est caractérisé par des améliorations continues de ses évaluations et estimations, et l'évaluation du besoin de sources supplémentaires, ou de la modification du procédé lui-même, pour réaliser des résultats améliorés [1].

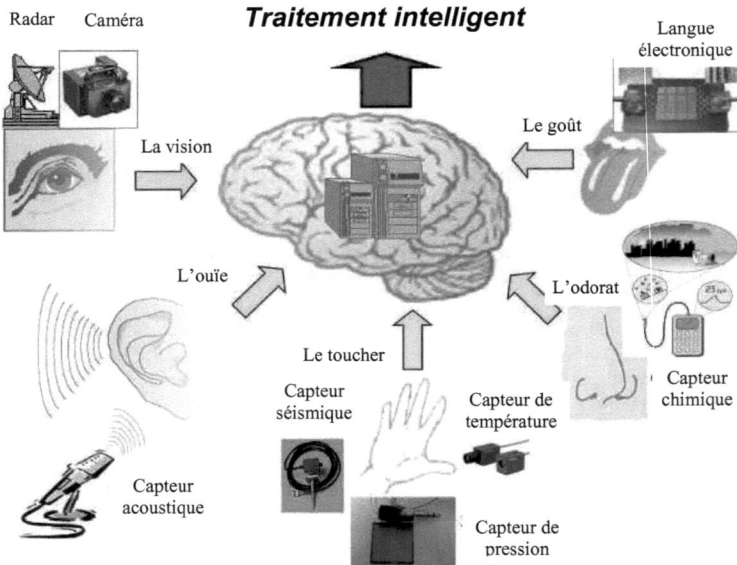

Figure I.1. Processus intelligent de fusion.

La fusion de données est exécutée à travers plusieurs étapes :
<u>Alignement :</u>
Traitement des mesures sensorielles qui permet de les ramener à un même référentiel spatial et/ ou temporel.

Chapitre I : Etat de l'Art de la Fusion de Données

Corrélation :
Un processus de prise de décision qui détermine les relations entre les différentes données par une technique d'association.

Association :
Un processus par lequel le rapprochement des données est complet, chaque donnée est associée à l'entité correspondante (le résultat de l'étape de corrélation est utilisé).

Combinaison (fusion) :
Seules les données obtenues, après alignement, en accord avec l'étape d'association sont combinées ceci afin d'avoir une meilleure représentation de l'estimation.

D'autres processus peuvent être inclus à un niveau plus élevé, comme l'évaluation d'une situation ou d'une menace. Ceci dit, les plus importantes restent la corrélation et l'association puisqu'elles fourniront les données les plus pertinentes pour notre système.

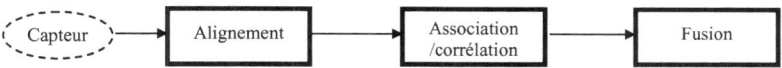

Figure I.2. Étapes élémentaires de fusion de données.

I.2.2 Domaines d'application

Les applications de la fusion de données multisensorielles sont très répandues. Il faut dire que les premières applications étaient purement militaires incluant le guidage de véhicule autonome, reconnaissance et poursuite de cibles (arme intelligente), surveillance à distance de zones de guerre. La plupart de ces applications se concentrent sur des problèmes incluant la localisation, la caractérisation et l'identification d'entités dynamiques telles que des émetteurs, des plateformes, des armes et des unités militaires [1].

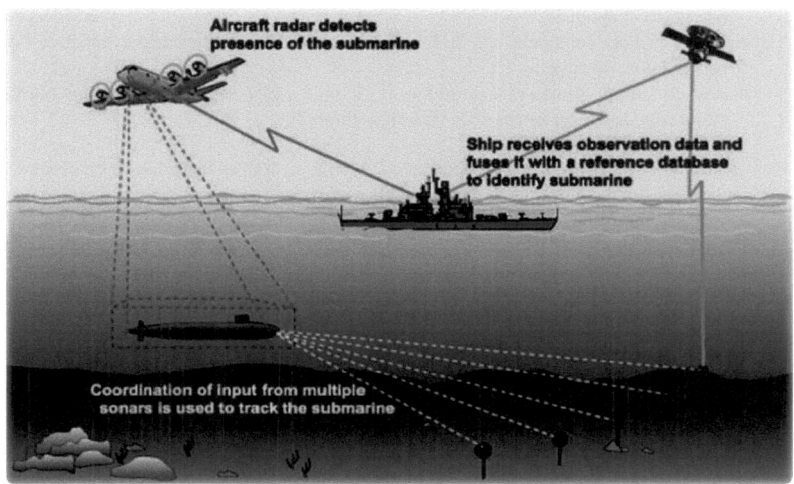

Figure I.3. Exemple d'un système de surveillance maritime [1].

Chapitre I : Etat de l'Art de la Fusion de Données

Un second groupe a aussi posé des problématiques aussi intéressantes que les précédentes. Ce groupe se compose des communautés académiques, commerciales et industrielles. Ces problématiques sont, par exemple, les implémentations des systèmes robotiques, contrôle automatisé de systèmes de manufactures industrielles, développement de structures intelligentes et les applications médicales dans l'imagerie par exemple.

La robotique est l'un des domaines les plus concernés par la fusion de données. La fusion de données multisensorielle est considérée, de nos jours, comme étant la solution pour un développement durable des performances des systèmes complexes en robotique. Ceci a conduit à une évolution technologique importante des capteurs sensoriels donc un remaniement inévitable des anciens algorithmes. Un seul capteur est généralement insuffisant pour fournir toutes les informations nécessaires pour une bonne performance d'un système complexe, en particulier dans un environnement inconnu ou encombré. Alors, l'utilisation de plusieurs capteurs de même nature ou hétérogènes permet de pallier à ce problème, en conduisant à la mise en œuvre d'algorithmes de fusion de données multisensorielles pour exploiter la complémentarité et la redondance des mesures.

I.2.3 Rôles et avantages de la fusion de données

L'intérêt de la fusion de données réside alors dans son utilité par rapport aux buts fixés et amène les questions suivantes :

- Est-il nécessaire de fusionner les données ?
- Doit-on fusionner l'ensemble des sources ou simplement les décisions issues du traitement des sources ?
- Quel est l'algorithme le plus adapté ?
- Quelle architecture devrait être employée ?
- Comment, si les différentes données sont traitées, extraire la quantité d'"information maximum et optimale ?
- Dans quelles conditions la fusion de données de multicapteurs améliore-t-elle l'exploitation du système ?
- Peut-on utiliser plusieurs algorithmes ? Si oui, quelle est la meilleure architecture permettant de connecter ces différents algorithmes?

Souvent, le rôle de la fusion de données a été limité à un sous-ensemble de procédés et sa pertinence a été limitée à des problèmes particuliers d'évaluation d'état. Par exemple, dans des applications militaires, telles que l'optimisation ou l'intelligence tactique, le but est d'estimer et prévoir l'état de types particuliers d'entités dans l'environnement externe (par exemple, cibles, menaces, ou formations militaires). Dans ce contexte, les capteurs/sources utilisés que le concepteur de système considère sont souvent limités aux capteurs qui rassemblent directement des données des cibles d'intérêt.

La problématique de la fusion de données est de réaliser une évaluation et une prévision cohérentes et complètes d'une certaine partie appropriée de l'état du monde. Dans une telle vue, la fusion de données inclue l'exploitation de toutes les sources de données pour résoudre tous les problèmes pertinents de l'état estimation/prédiction, où la pertinence est déterminée par l'efficacité des plans d'action élaborés. Le problème de fusion de données entoure, pour cette raison, un certain nombre de problèmes corrélés : d'une part l'évaluation et la prévision des états d'entités externes et internes au système, et d'autre part les interdépendances parmi de telles entités. [1]

La robotique est, actuellement, ouverte à des applications dans des environnements externes et non connus du système. Dans ce cas, il faudrait lui permettre d'avoir le plus d'informations sur cet environnement, le fait est qu'un seul capteur ne peut permettre d'avoir des renseignements suffisants pour une performance efficace et fiable.

L'importance de l'utilisation de la fusion de données s'est confirmée dans la robotique sur plusieurs aspects. La dépendance d'un système à une simple source de données fait que celui-ci n'est pas robuste dans le sens où le dysfonctionnement de cette source affectera tout le système, pour cela, un processus fusionnant plusieurs sources d'entrée sera plus robuste.

L'effet de redondance des informations est exploité afin de renforcer ou d'affaiblir une information suivant la concordance des données. Aussi, l'effet de complémentarité permettra de compenser les limites d'un capteur par les observations d'un autre capteur, en d'autres termes, l'information recueillie par une source simple peut être très limitée et ne peut pas être entièrement fiable et complète.

La fusion de données implique, donc, le fait de combiner des données — dans un sens plus large — pour estimer ou prévoir l'état d'un certain aspect de l'environnement. Souvent l'objectif est d'*estimer ou prévoir l'état physique d'entités* : leur identité, attributs, activité, lieu de localisation, et excédent de mouvement à une certaine période de temps passée, actuelle, ou future.

Si le travail doit estimer l'état de personnes (ou de tous autres êtres), il peut être important d'estimer ou prévoir les individus et les groupes informationnels et les états perceptuels et l'interaction de ces derniers avec les états physiques, en d'autres termes, trouver l'influence de ces entités sur l'état physique de l'individu étudié.

Certains ont adopté des limites comme *l'intégration de l'information* afin d'essayer de généraliser des définitions plutôt étroites de fusion de données (et, peut-être, pour se distancer de la vieille fusion de données sur le plan approches et programmes). Cependant, une recherche pertinente ne devrait pas être négligée simplement en raison d'un décalage de mode terminologique. Bien qu'aucune direction d'utilisation commune existe actuellement, ce large concept reste une problématique importante pouvant mener à une approche théorique unifiée et mérite.

I.3 Architecture de fusion de données :

Une des problématiques fondamentales dans la fondation d'un système de fusion de données est la structure utilisée, celle-ci définit où et à quel moment doit se faire la combinaison et la fusion d'un flux de données. Il existe plusieurs types d'architectures et de modèles selon les chercheurs et les institutions qui les ont mis au point.

Pour commencer, selon les normes IEEE, une architecture est "une structure d'éléments, leurs interactions, leurs principes et leurs protocoles contrôlant leurs design et leurs évolutions à travers le temps" [1]. Les architectures servent à coordonner des compétences diverses pour

Chapitre I : Etat de l'Art de la Fusion de Données

atteindre des objectifs avec une certaine rapidité et facilité. En tant que telles, les conditions générales pour une architecture fiable et appropriée sont :

- Identifier un but précis,
- Faciliter l'échange/communication avec l'utilisateur,
- Permettre la comparaison et l'intégration,
- Favoriser l'expansibilité, la modularité, et la réutilisabilité,
- Favoriser le développement rentable du système,
- S'appliquer à l'intervalle requis selon les situations.

Il faut dire qu'il existe plusieurs types d'architectures dans la fusion de données, Avant d'étudier en détail chacune des architectures de fusion, nous allons illustrer différentes méthodes temporelles de fusion [2].

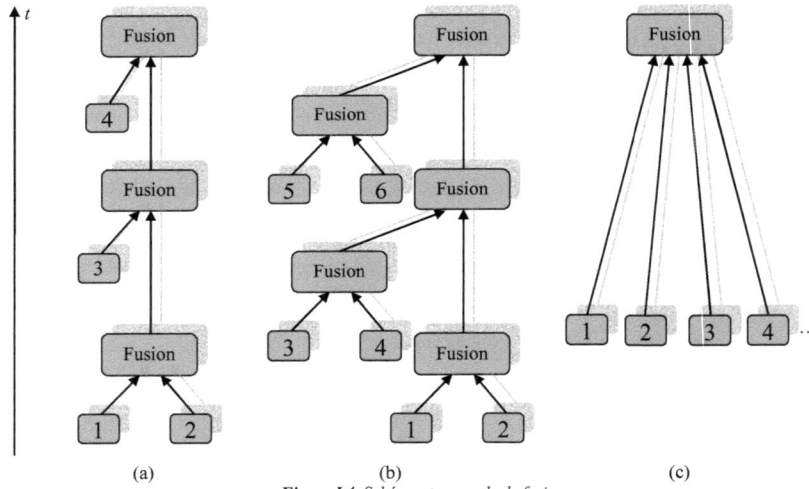

Figure I.4. Schémas temporels de fusion

I.3.1 Fusion temporelle

Le concept de fusion de données implique nécessairement l'obtention d'une information à partir de plusieurs données. Il est possible que la totalité des données ne soit pas disponible à un instant de fusion. Toutefois, cela n'empêche en rien l'utilisation de chacune des données au moment où elle est disponible afin d'obtenir une estimation optimale.

À partir de [3], nous pouvons répertorier trois schémas temporels de fusion: séquentielle, par appariement et simultanée. La fusion séquentielle (figure I.4a) consiste à combiner au départ deux données (mesures ou pistes), puis à combiner les informations provenant des divers capteurs qui sont reçues de manière asynchrone, donc pas forcément aux mêmes instants. Ensuite, à chaque instant suivant, une donnée est combinée avec le résultat de la fusion précédente. La fusion par appariement (figure I.4b), quant à elle, combine toujours les

Chapitre I : Etat de l'Art de la Fusion de Données

données par paire. Ce type de fusion implique nécessairement que nous possédons toujours deux données au même instant. Finalement, la fusion simultanée (figure I.4c), comme son nom l'indique, combine au même instant les données de toutes les sources. Il doit alors y avoir synchronisation de toutes les sources de données. Les schémas temporels des trois types de fusion sont présentés à la figure I.4.

Suivant la littérature, nous pouvons classer 4 types d'architecture de fusion, à savoir [2]:

- L'architecture de fusion centralisée.
- L'architecture de fusion décentralisée.
- L'architecture de fusion distribuée.
- L'architecture de fusion hiérarchique et hybride

I.3.2 Architecture de fusion de données centralisée

Dans l'architecture de fusion centralisée, l'unité de fusion est placée dans l'unité centrale de traitement qui rassemble toutes les données issues des différentes sources (figure I.5).Toutes les décisions sont prises à partir de l'unité centrale de traitement.

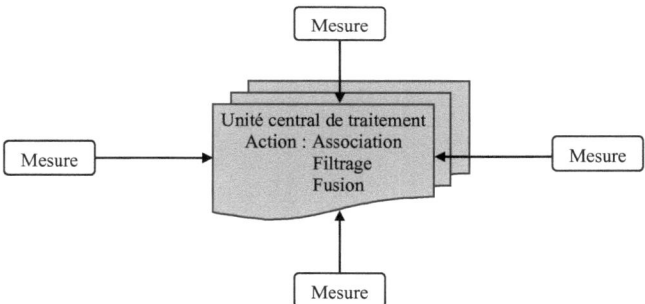

Figure I.5. Architecture de fusion centralisée.

I.3.3 Architecture de fusion de données décentralisée

L'architecture de fusion décentralisée se compose d'un réseau de nœuds, où chaque nœud a sa propre unité de traitement. L'architecture de fusion décentralisée a trois caractéristiques qui sont:

1) pas d'unité centrale de fusion.
2) aucun service de communication commun.
3) les nœuds n'ont aucune connaissance globale de la topologie du réseau.

L'architecture de fusion décentralisée a pu être classée par catégorie comme étant une architecture de fusion décentralisée entièrement reliée ou une architecture de fusion décentralisée partiellement reliée.

La figure I.6 montre une architecture de fusion décentralisée entièrement reliée.

Chapitre I : Etat de l'Art de la Fusion de Données

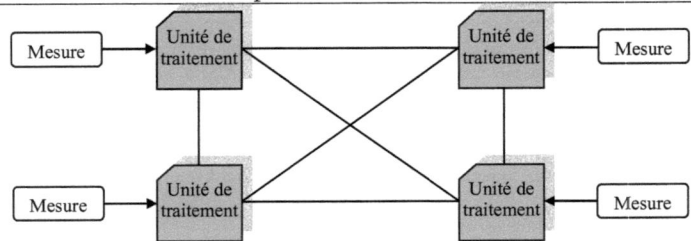

Figure I.6. Architecture de fusion décentralisée.

I.3.4 Architecture de fusion de données distribuée

L'architecture de fusion distribuée est telle que les mesures de chaque capteur sont traitées indépendamment avant d'envoyer le tout à l'unité centrale de traitement pour une éventuelle fusion avec d'autres mesures issues d'autres capteurs.

L'architecture de fusion Distribuée peut être considérée comme une extension de l'architecture de fusion centralisée.

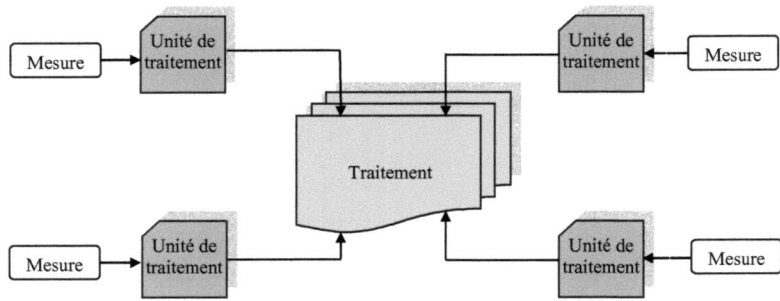

Figure I.7. Architecture de fusion distribuée.

I.3.5 Architectures de fusion de données hiérarchique et hybride

Les autres architectures possibles dans la littérature sont une combinaison d'architectures centralisées, distribuées et décentralisées. Ici, nous classons deux types d'architectures mélangées, à savoir l'architecture de fusion hiérarchique (voir figure I.8) et l'architecture de fusion hybride (voir figure I.9).

Chapitre I : Etat de l'Art de la Fusion de Données

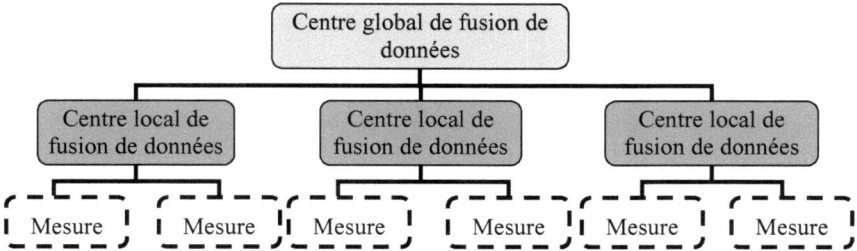

Figure I.8. Architecture de fusion hiérarchique.

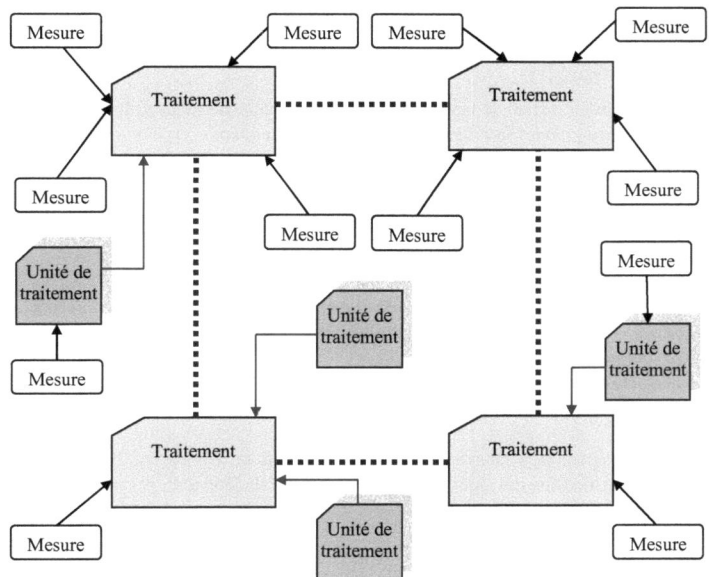

Figure I.9. Architecture de fusion hybride.

I.4 Techniques de fusion de données :

La complexité d'un processus de fusion de données est caractérisée par des difficultés dans :
- La représentation de l'incertitude des observations et des modèles des phénomènes qui produisent ces observations;
- La combinaison de l'information non proportionnée (par exemple, les attributs distinctifs d'une image, un texte, et un signal);

Chapitre I : Etat de l'Art de la Fusion de Données

🖎 La mise à jour et la manipulation d'un nombre élevé de voies alternatives d'association et d'interprétation d'un grand nombre d'observations concernant de multiples entités.

Les techniques de fusion de données se sont diversifiées avec d'une part le développement des algorithmes mais surtout celui des capteurs et des actionneurs. Plusieurs classifications ont vu le jour, ces dernières années.

I.4.1 Classification des techniques de fusion de données selon leur propriété temporelle [4]:

I.4.1.1 La fusion statique : le résultat de l'opération de fusion est obtenu indépendamment des états antérieurs. On exploite alors uniquement les données de l'instant courant.

I.4.1.2 La fusion dynamique : le résultat tient compte des états antérieurs. Tout processus de fusion ayant une formulation itérative rentre dans ce contexte.

I.4.2 Classification des techniques de fusion de données selon leur propriété mathématique [5]:

Une autre classification se base sur les méthodes mathématiques utilisées. Nous pouvons remarquer que deux grandes familles de méthodes se distinguent :

I.4.2.1 Les méthodes probabilistes/statistiques :

Ces méthodes manipulent des variables aléatoires et/ou des distributions probabilistes afin de décrire des incertitudes, à travers des estimations. Ces méthodes, malgré leurs utilisations diverses, présentent beaucoup de limitations.

Elles requièrent des informations initiales importantes, des informations qu'un expert pourrait ne pas pouvoir fournir, ce qui nous permet de conclure qu'on ne peut obtenir une mise à jour dans le cas d'un état d'ignorance totale. Ce besoin de connaissances *à priori* sur la valeur étudiée nécessite la présence d'un analyste qui doit lui même être un expert. Ce dernier devra compter sur les informations des autres experts pour son apprentissage.

Cette dépendance pourrait poser problème dans les cas de conflits d'opinions entre les experts, la fiabilité des opinions des experts est, foncièrement, remise en question. Une opinion pouvant satisfaire les deux cotés mais ne peut être adapté dans le cas où une opinion vraie doit être donnée et non être privilégier.

Un autre problème surgit lorsqu'on considère les experts comme étant issus d'une seule source aléatoire. Cette supposition d'homogénéité ne permet pas de traiter des données issues de différentes sources ou celles pouvant contenir des données fausses ou erronées.

Ces problématiques trop nombreuses limitent l'utilisation des concepts statistiques et probabilistiques et ont fait apparaître de nouveaux concepts et idées. Les plus connues sont les *méthodes ensemblistes*.

Chapitre I : Etat de l'Art de la Fusion de Données

I.4.2.2 Les méthodes ensemblistes :

Ces méthodes manipulent directement des sous-ensembles de $\Re^n$. L'ensemble résultat d'une opération est *l'ensemble de toutes les valeurs possibles que peut prendre le résultat*. Les ensembles sont représentés à l'aide de formes géométriques simples comme *des ellipsoïdes* par exemple dans le cas linéaire, ou encore comme *des unions de pavés intervalles* dans le cas général. De plus, des formulations numériques spécifiques apportent la *garantie* numérique aux résultats obtenus.

Les méthodes ensemblistes sont, donc, fréquemment utilisées pour apporter des preuves numériques de propriété et/ou de non-propriété ; en effet, il est possible de prouver l'absence ou l'existence de solution. Si la solution existe, et si elle n'est pas unique, les méthodes ensemblistes permettent de caractériser toutes les solutions. Les sous-ensembles solutions peuvent alors être encadrés par des approximations extérieures et intérieures, à la résolution désirée.

Elles permettent donc de pallier à de nombreux problèmes rencontrés dans les concepts traditionnels, car possédant plusieurs solutions discrètes ou une solution, si elle existe, prend la forme de la réunion de solutions continues.

Nous pouvons inclure aussi bien les techniques basées sur le raisonnement en logique ou encore les techniques basées sur les systèmes multi-agents. De plus, il est intéressant de noter que ces techniques servent en particulier à combiner différents systèmes de fusion de données entre eux afin de bâtir un nouveau système de fusion de données, opérant, par exemple, à plusieurs niveaux d'abstraction.

I.4.3 Les techniques de fusion de données les plus connues :

Les techniques que nous allons maintenant présenter diffèrent par les caractéristiques de l'environnement dans lequel elles opèrent, par le type d'informations délivrées par les capteurs, par le mode de représentation de l'information que l'on adopte, ou encore par la manière de représenter l'incertitude associée à la technique de fusion.

I.4.3.1 Cartes d'évidence

Faire naviguer un robot dans un environnement inconnu ou partiellement connu nécessite l'utilisation de nombreux capteurs souvent de même nature et disposés sur le robot de telle façon qu'ils puissent observer au maximum l'environnement dans lequel il évolue. Les cartes d'évidence représentent une approche aujourd'hui classique pour la modélisation des objets se trouvant dans l'espace dans lequel évolue un robot et sert de base pour la navigation et la planification des mouvements du robot. Cette technique, initialement développée par H. Moravec [6] et A. Elfes [7] a été depuis utilisée sous diverses formes, notamment pour la localisation d'un robot [8] et pour diverses tâches de navigation en conjonction avec d'autres modèles comme les cartes topologiques [9] (qui ne représentent que certains points intéressants de l'environnement du robot). Cette technique de fusion est particulièrement adaptée lorsque l'on a de nombreux capteurs de même type et qu'il est nécessaire de mettre à jour, de façon bayésienne, une connaissance sur un environnement physique. Cette approche est particulièrement adaptée à la navigation robotique. L'utilisation de connaissances qualitatives est plus difficile, cependant, que l'utilisation de capteurs hétérogènes.

Chapitre I : Etat de l'Art de la Fusion de Données

Dans l'approche de H. Moravec, l'environnement dans lequel évolue le robot est totalement inconnu et le robot le découvre au fur et à mesure de ses évolutions.

Classiquement, le robot est équipé d'une couronne de sonars lui conférant une capacité de perception à $360°$. La surface globale dans laquelle évolue le robot est discrétisée dans une représentation à 2 ou 3 dimensions.

A chaque cellule de cette carte discrétisée est associée la probabilité de présence d'un objet : un meuble, un mur, …etc. Lors de ses déplacements, le robot utilise ses capteurs pour accumuler des preuves et réestime à chaque instant la probabilité pour chaque case de contenir un objet. Cette réestimation est faite à partir d'une application de la règle de Bayes.

Au départ, chaque case contient une probabilité de 0.5, ce qui correspond à une incertitude totale. Chaque écho de chaque sonar sert ainsi à confirmer ou infirmer la présence d'un objet dans chaque case. Au bout d'un certain temps, le robot a une connaissance plus approfondie de son environnement. En effet, les cases correspondant à un objet (meuble ou mur par exemple) verront leur probabilité tendre vers 1 alors que les espaces vides verront leur probabilité tendre vers 0.

La figure I.10 représente la carte idéale d'un couloir. Les murs ont une probabilité de présence d'un objet de 1 et l'espace vide de 0. Au-delà du mur, rien n'est connu, donc les probabilités restent à 0.5 (en damier sur la figure).

Figure I.10. Carte d'évidence idéale.

La figure I.11 représente une carte obtenue après plusieurs passages du robot. On voit nettement apparaître les murs, l'espace vide, ainsi que les zones de doute. Cependant, due à l'imprécision et aux échos parasites, la cartographie n'est pas parfaite. Elle permet cependant de planifier correctement une trajectoire. Ces deux cartes sont extraites de [10].

Ainsi, chaque écho est transformé en une preuve supplémentaire de présence ou d'absence d'un objet et sert à renforcer ou diminuer la probabilité de présence d'un objet dans chaque case de la carte. L'ensemble des signaux sonars émis et reçus sont donc fusionnés au sein d'un même modèle.

Chapitre I : Etat de l'Art de la Fusion de Données

Sa construction nécessite cependant, dans un premier temps, un parcours en aveugle de l'environnement.

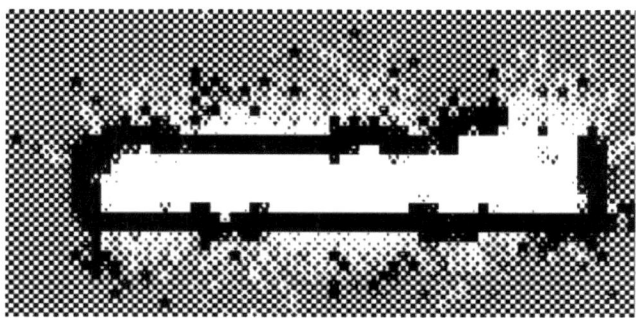

Figure I.11. Carte d'évidence après parcours du robot.

La fusion d'information de plus haut niveau, comme un plan ou des balises, permet d'améliorer la fiabilité et la précision du modèle, et d'accélérer le processus de cartographie [9], [10], [11].

D'autres applications de ce modèle concernent son utilisation pour localiser un robot dans un espace donné. Dans ce cas, chaque case contient la probabilité de présence du robot, et la somme des probabilités des cases fait 1. Cette méthode est moins sensible aux problèmes d'imprécision des capteurs et des problèmes de glissement des roues des robots sur le sol.

I.4.3.2 Méthodes bayésiennes

Les méthodes bayésiennes s'appuient sur un théorème : le théorème de Bayes, qui est un résultat en théorie de probabilités, issu des travaux du révérend Thomas Bayes (1702-1761) présenté à titre posthume :

$$P(A|B) = P(B|A) \cdot P(A) / P(B)$$

Le terme $P(A)$ est la probabilité a priori de A. Elle est « antérieure » au sens qu'elle précède toute information sur B. $P(A)$ est aussi appelée la probabilité marginale de A. Le terme $P(A|B)$ est appelée la probabilité a posteriori de A sachant B (ou encore de A sachant B). Elle est « postérieure », au sens qu'elle dépend directement de B. Le terme $P(B|A)$, pour un B connu, est appelée la fonction de vraisemblance de A. De même, le terme $P(B)$ est appelé la probabilité marginale ou a priori de B.

Dans cette approche, les capteurs sont considérés comme un ensemble d'entités capables de fournir une décision à tout instant. Chaque capteur est alors vu comme un estimateur bayésien.

Le théorème de bayes permet d'inverser les probabilités. En d'autres termes, si l'on connaît les conséquences d'une cause, l'observation des effets permet de remonter aux causes, c'est l'effet d'induction « bottom-up ». Sachant aussi qu'une lecture littérale du théorème permet une induction « top-down », c'est-à-dire à partir des causes en déduire les conséquences. Mais il existe un troisième type d'induction dit « explaining away » ou comment réfuter une cause en constatant une autre, autrement dit partir d'une conséquence pour remonter aux causes, constater laquelle est vraie et réfuter les conséquences sous jacentes des autres causes.

L'approche bayésienne permet la combinaison de différentes sources d'informations émergeant soit d'un raisonnement conditionnel, d'avis d'experts ou d'un retour d'expérience. Elle permet une prise en compte des informations passées et donne des résultats redondants donc des résultats non figés [12].

Mais cette approche est une approche rigoureuse puisqu'elle demande beaucoup d'informations et de connaissances a priori. Elle mène, dans la plupart des cas à des solutions analytiques complexes du fait des rapports d'intégrales multiples rencontrées. Ce qui fait que cette approche est de moins en moins utilisée.

I.4.3.3 Théorie de l'évidence de Dempster-Shafer

Cette théorie [13], [14] est dérivée de l'approche bayésienne, mais utilise deux mesures pour qualifier le degré de croyance que l'on a sur une hypothèse, calculée à partir d'indices la confirmant ou l'infirmant. La théorie peut assigner une mesure de certitude à des ensembles d'hypothèses autant qu'à des hypothèses seules. Cette approche permet de raisonner sur des ensembles d'hypothèses dans un premier temps, et de se restreindre petit à petit aux hypothèses plausibles, au fur et à mesure que de nouvelles évidences apparaissent. Cette approche de la fusion de données est adaptée à la fusion de multiples capteurs. Sa mise en œuvre pour la fusion de données au cours du temps reste plus difficile qu'avec un Modèle de Markov caché. La manipulation de données qualitatives est aussi plus aisée que les modèles présentés précédemment, comme nous allons le voir maintenant.

Cependant, il est à noter que la règle de combinaison de Dempster-Shafer ne permet de fusionner que deux sources indépendantes l'une de l'autre. Des extensions ont été proposées afin de prendre en compte des *opinions* dépendantes dans [15].

I.4.3.4 Modèles de Markov cachés

Les modèles de Markov cachés, ou HMM (Hidden Markov Models), sont des modèles statistiques de données séquentielles, qui ont été largement utilisés dans des applications telles que la reconnaissance de la parole [16], la reconnaissance de forme, l'intelligence artificielle ou encore la modélisation de séquences biologiques. Leur succès tient principalement à l'algorithme d'apprentissage de Baum-Welch, qui est un cas particulier de la procédure EM (*Expectation Maximization*) pour l'estimation du maximum de vraisemblance.

Cet algorithme d'apprentissage permet en effet d'apprendre efficacement un modèle à partir de données observées. L'intérêt en fusion de données est que ce modèle est particulièrement adapté à la modélisation de processus stochastiques et gèrent donc bien les flux de données. Cependant, la gestion de multiples capteurs n'est possible qu'avec un prétraitement de l'ensemble des données issues des capteurs pour les transformer en une observation unique, qui sera l'observation utilisée à chaque pas de temps par le HMM. Donc un HMM est plutôt adapté à la fusion de données au cours du temps, plutôt qu'à un instant donné. Dans ce dernier cas, il sera nécessaire d'utiliser une autre méthode de fusion en amont du HMM.

Chapitre I : Etat de l'Art de la Fusion de Données

De nombreux algorithmes ont été développés pour les HMM. Il existe en particulier l'algorithme de Viterbi [17] qui permet, à partir d'une séquence d'observations d'inférer la séquence d'états la plus vraisemblable lui correspondant pour un HMM donné.

Cet algorithme est largement appliqué dans les problèmes de reconnaissance de la parole [18] ou de biologie moléculaire [19] où chaque état correspond à un label de classification et chaque séquence d'état forme une séquence de labels.

I.4.3.5 Techniques des moindres carrés

Les techniques dites des moindres carrées regroupent en particulier des modèles tels que les filtres de Kalman ou encore les méthodes d'optimisation et de régulation. Ces techniques trouvent de très nombreuses applications, en particulier dans le domaine du contrôle de processus dynamique mais surtout dans le domaine de la poursuite de cibles en mouvement. Ces techniques ont été appliquées en premier lieu à la poursuite de cibles aériennes autant dans le domaine militaire que civil mais ont trouvé leurs applications dans de nombreux autres domaines, comme la navigation robotique et la fusion multicapteurs pour le contrôle et la perception d'un robot. [20]

Certaines techniques des moindres carrés on été développées pour la localisation d'un objet connu. Dans ce contexte, les données récupérées à partir des capteurs et les erreurs de mesures associées sont interprétées comme un ensemble de contraintes sur l'espace des solutions. Chaque point de l'espace représente une position possible pour l'objet observé. Au fur et à mesure que les données arrivent, l'espace des solutions est réduit itérativement, jusqu'à un point de convergence qui représente alors la position réelle de l'objet [20].

I.4.3.6 Filtre de Kalman et ses extensions

D'une façon générale, la fonction de filtrage consiste à estimer une information (signal) utile qui est polluée (entachée) par un bruit. Le filtre de Kalman vise à estimer de façon « optimale » l'état du système linéaire (cet état correspond donc à l'information utile).[5]

Les applications du filtre de Kalman sont nombreuses dans les métiers de l'ingénieur mais ne s'arrête pas à ce niveau. Le filtre de Kalman permettant de donner une estimé de l'état de système à partir d'une information a priori sur l'évolution de cet état (modèle) et de mesures réelles, il sera utilisé pour estimer des conditions initiales inconnues (balistique), prédire des trajectoires de mobiles (trajectographie), localiser un engin (navigation, radar,…) et également implémenter des lois de commande fondées sur un estimateur de l'état et un retour d'état (Commande Linéaire Quadratique Gaussienne) [5].

De nombreuses extensions de ce filtre ont été proposées tels que les filtres $\alpha\beta$ et $\alpha\beta\gamma$. Ces filtres sont une simplification du filtre de Kalman destinés à alléger les calculs. Les filtres multi-modèles combinent plusieurs modèles d'évolution afin de choisir le meilleur à chaque instant. Ils peuvent aussi fusionner les résultats de chacun des modèles au cours du temps [21].

Dans le cas où le système peut être décrit par un modèle linéaire et que l'erreur associée autant au système qu'aux capteurs peut être modélisée par un bruit blanc Gaussien, le filtre de Kalman fournira d'uniques estimations statistiquement optimales pour les données fusionnées [22].

Chapitre I : Etat de l'Art de la Fusion de Données

Le filtrage de Kalman se devise en 5 étapes [23] :

- **_Représentation d'état_** : un modèle dynamique de l'environnement est une liste de primitives décrivant une partie de l'environnement à l'instant t. Chaque primitive représente une estimation de l'état local de l'environnement comme une conjonction de propriétés estimées $\hat{x}(t) = \{\hat{x}_1(t), \hat{x}_2(t), \cdots, \hat{x}_n(t)\}$. L'état actuel de l'environnement est estimé par un processus d'observation qui projette l'environnement sur un vecteur d'observations $Y(t)$ en prenant en compte le bruit qui peut perturber le processus d'observation. $\hat{x}(t)$ et $Y(t)$ doivent être accompagnés d'une estimation de leur incertitude. Ainsi des observations successives feront varier le facteur de confiance au cours du temps ;

- **_Prédiction_** : cette étape permet de projeter le vecteur estimé $\hat{x}(t)$ sur une valeur prédite $X^*(t)$ et aussi de projeter l'incertitude estimée sur l'instant t ;

- **_Correspondance entre l'observation et la prédiction_** : cette étape suppose une continuité temporelle et calcule une distance de Mahalanobis entre les propriétés prédites et observées. Un seuil de rejet permet de séparer les bonnes occurrences des fausses alarmes ;

- **_mise à jour_** : quand on a vérifié qu'une observation correspond à la prédiction, le filtre de Kalman procède à une estimation de l'ensemble des propriétés et leurs dérivées à partir de l'association de l'ensemble de propriétés prédites et observées. Le point intéressant en fusion de données, est que le filtre de Kalman fournit aussi une estimation de la précision associée aux éléments de ces ensembles ;

- **_Élimination de primitives incertaines et ajout de nouvelles primitives au modèle_** : cette étape utilise les facteurs de confiance et n'est pas appliquée dans tous les cas.

Le filtre de Kalman tel que présenté précédemment permet d'estimer dans le temps l'état d'un procédé défini par une équation linéaire. Cependant, dans la réalité, l'hypothèse de linéarité d'un procédé ne peut pas toujours être vérifiée. Le filtre de Kalman ne peut donc pas être utilisé, mais ceci ne veut pas dire que le filtre de Kalman linéaire ne peut être efficace. En effet, une astuce permet d'ajuster le filtre pour un procédé avec une équation non linéaire pour linéariser les variables dont le filtre a besoin. L'idée est de linéariser localement sur la moyenne et la variance de la sortie du procédé. Avec les séries de Taylor, une linéarisation de l'estimation peut être effectuée en utilisant les dérivées partielles des fonctions du procédé et de mesure. Cette linéarisation utilise l'hypothèse que l'erreur sur la dérivée est petite, ainsi, la série de Taylor est tronquée dès le premier ordre. Ce filtre de Kalman est appelé filtre de Kalman non linéaire ou étendu (Extended Kalman Filter)

Mais une nouvelle fragrance du filtre de Kalman, le filtre de Kalman inodore, a été proposée, celle-ci laisse le modèle tel quel, au lieu d'essayer de le linéariser et d'estimer plutôt la distribution qui est utilisée pour prédire l'état prochain, c'est-à-dire selon Julier et Uhlmann développeurs du UKF (Unscented Kalman Filter) [24], c'est plus facile d'approximer une distribution gaussienne que d'approximer une fonction non linéaire dont on aura à calculer les matrices jacobiennes pour arriver à la linéariser. Pour ce faire, la transformée inodore (unscented transform) est utilisée pour estimer les statistiques des variables aléatoires ayant subit une transformation non linéaire. La transformation inodore est ensuite utilisée avec le filtre de Kalman original vu plus haut.

Le filtre de Kalman a aussi été hybridé pour une utilisation dans la commande. Un exemple est donnée dans [25], les auteurs ont utilisé le filtre de Kalman en collaboration avec des réseaux de neurones ce qui a donné naissance au Neuronal Extended Kalman Filter (NEKF).

I.4.3.7 Intersection de covariance (CI)

Considérons le problème suivant. Deux parties d'une information, nommées **A** et **B**, sont à fusionner ensemble pour donner une sortie, **C**. Ceci est un type très généraliste de problème de fusion de données.

A et **B** peuvent être deux différentes mesures de capteurs (par exemple, une estimation de Batch ou un problème d'initialisation de pistage), ou **A** peut être une prédiction d'un modèle de système et **B** une information provenant d'un capteur (comme un estimateur similaire au filtre de Kalman). Les deux termes sont corrompus par des bruits de mesure et des erreurs de modélisation, par conséquent, leurs valeurs connues sont imprécises. **A** et **B** sont des variables aléatoires représentant **a** et **b**, respectivement [1].

Supposons que les vraies statistiques de ces variables sont inconnues. Les seules informations disponibles sont les estimations des moyennes et covariance de **a** et **b** et leur intercorrelation, qui sont respectivement, $\{a, P_{aa}\}, \{b, P_{bb}\}$ et une intercorrelation nulle dans le cas simple.

Dans sa forme, l'algorithme de la CI prend une combinaison convexe de l'estimation de la moyenne et de la covariance qui est l'espace de l'information représentée. Cette approche découle de l'interprétation géométrique des équations du filtre de Kalman. L'intersection est caractérisée par la combinaison convexe de covariances, et l'algorithme de covariance est défini par les équations suivantes :

$$P_{cc}^{-1} = \omega \cdot P_{aa}^{-1} + (\omega - 1) \cdot P_{bb}^{-1}$$
$$P_{cc}^{-1} \cdot c = P_{aa}^{-1} \cdot a + P_{bb}^{-1} \cdot b$$

Où $\omega \in [0,1]$, ce paramètre comme illustré par la figure I.12, manipule les poids assignés à **a** et **b**. Les différents choix de ω peuvent être utilisés pour optimiser la mise à jour en respectant les différents critères de performances, comme la minimisation de la trace ou du déterminant de P_{CC}.

Les fonctions de coût, qui sont convexes respectant ω, ont seulement un optimum distinct dans la gamme . Jusqu'à aujourd'hui, aucune stratégie d'optimisation ne peut être utilisée, allant de Newton-Raphson aux techniques de programmation sophistiquées, convexes et semi-définies, pouvant minimiser presque n'importe quelle norme. [1]

Chapitre I : Etat de l'Art de la Fusion de Données

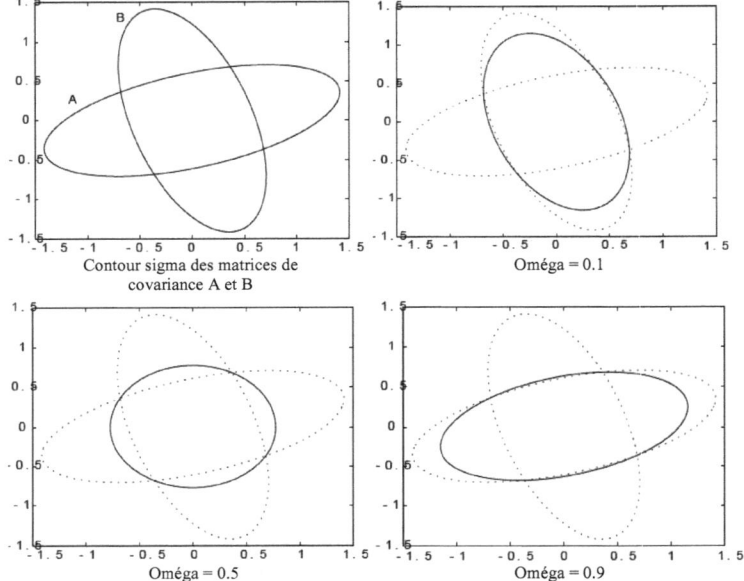

Figure I.12. Illustration de l'influence de ω sur la valeur de sortie C [3].

D'autres domaines d'applications de la CI existent, notamment :
- Filtrage à modèles multiples
- La construction simultanée et la carte de localisation de véhicules autonomes
- La fusion de données piste à piste pour les systèmes de suivi multi-cibles
- Filtrage non linéaire

Les approches actuelles à ces problématiques et à bien d'autres problèmes tentent de contourner les corrélations gênantes par l'ajout heuristiquement de "bruit de stabilisation" à l'actualisation des estimations afin de s'assurer qu'elles sont prudentes. Cette quantité de bruit est susceptible d'être excessive afin de garantir qu'aucun composant de covariance n'est sous-estimé. La CI assure la meilleure estimation possible, compte tenu de la quantité d'informations disponibles. Le plus important à souligner est que la procédure ne fait pas d'hypothèses concernant l'indépendance, ni sur les distributions de l'ensemble des estimations. Par conséquent, la CI a probablement remplacé le filtre de Kalman dans un large éventail d'applications où l'indépendance des hypothèses n'est pas réaliste [1].

I.5 Conclusion :

Dans ce chapitre, nous avons présenté la fusion de données à travers sa définition, son rôle, ses avantages et ses diverses applications. Un aperçu des différentes architectures de fusion a été donné et un état de l'art des différentes techniques connues à ce jour a été fait.

Dans le prochain chapitre, nous introduirons l'une des parties les plus importantes dans un système de fusion : *la perception*. Nous présenterons les différents types de capteurs utilisés dans la robotique et leurs différentes caractéristiques.

Chapitre II
La Perception en Robotique

Chapitre II : La Perception en Robotique

II.1 Introduction

La notion de perception en robotique porte sur la capacité du système à recueillir, traiter et mettre en forme des informations utiles au robot pour agir et réagir dans le monde qui l'entoure. Alors que pour des tâches de manipulations, on peut considérer que l'environnement est relativement structuré, ce n'est plus le cas lorsqu'il s'agit de naviguer de manière autonome dans des lieux très partiellement connus. Aussi, pour extraire les informations utiles à l'accomplissement de sa tâche, il est nécessaire que le robot dispose de nombreux capteurs mesurant aussi bien son état interne que l'environnement dans lequel il évolue. Le choix des capteurs dépend bien évidemment de l'application envisagée.

Pour se focaliser sur les applications choisies, nous allons nous restreindre dans ce chapitre aux capteurs utiles à ces tâches. Dans un second temps, nous expliquerons comment utiliser les données issues de ces capteurs pour obtenir une représentation fiable de l'état du système et de l'environnement.

La navigation repose sur deux types généraux d'informations : les informations proprioceptives et les informations extéroceptives [26].

- **Les informations *proprioceptives*** sont des informations internes au robot qui le renseignent, dans le cas de la navigation, sur son déplacement dans l'espace. Ces informations peuvent provenir de la mesure de la rotation de ses roues ou de la mesure de l'accélération grâce à une centrale inertielle. Un processus d'intégration permet alors, en accumulant ces informations au cours du temps, d'estimer la position relative de deux points par lesquels le robot est passé.
- **Les informations *extéroceptives*** ou plus simplement les *perceptions*, sont des informations caractéristiques d'une position que le robot peut acquérir dans son environnement. Ces informations peuvent être de nature très variée. Par exemple, un robot peut mesurer la distance aux obstacles avec des capteurs infrarouges ou utiliser une caméra.

Ces deux sources d'information ont des propriétés opposées que nous allons détailler dans les sections suivantes.

II.2 Les sources d'informations

II.2.1 Les informations proprioceptives

Les informations proprioceptives renseignent sur le *déplacement* du robot dans l'espace. Elles constituent donc une source d'information très importante pour la navigation. Cependant, la qualité de cette information se dégrade continuellement au cours du temps, la rendant inutilisable comme seule référence à long terme. Cette dégradation continuelle provient de l'intégration temporelle des mesures effectuées par les capteurs internes. En effet, chaque capteur produit une mesure bruitée de la vitesse ou de l'accélération du robot. Ce bruit, via le processus d'intégration qui a pour but d'estimer le déplacement, conduit inévitablement à une erreur croissante.

Malgré ce défaut important, les informations proprioceptives ont l'avantage de dépendre assez peu des conditions environnementales qui perturbent fortement les informations perceptives.

Chapitre II : La Perception en Robotique

La vision, par exemple sera fortement perturbée si l'environnement est plongé dans le noir, mais les informations proprioceptives fourniront une information identique, que l'environnement soit éclairé ou non. De plus, si deux lieux identiques se trouvent dans l'environnement, les informations perceptives ne permettent pas de les différencier. Les informations proprioceptives sont alors le seul moyen de les distinguer.

En robotique, cette information a de plus l'avantage de la simplicité de manipulation. En effet, le processus d'intégration fournit directement une estimation de la position du robot dans un espace euclidien doté d'un repère cartésien. Dans ce type de repère, tous les outils de la géométrie mathématique sont utilisables. Ils permettent, par exemple, d'effectuer des calculs de chemin relativement simples lorsque l'on connaît la position du but et des obstacles.

II.2.2 Les informations extéroceptives

Les informations extéroceptives, ou plus simplement les *perceptions*, fournissent un lien beaucoup plus fort entre le robot et son environnement. En effet, les informations proprioceptives fournissent des informations sur le déplacement du robot, alors que les informations perceptives fournissent des informations directement sur la *position* du robot dans l'environnement.

Ces informations assurent un ancrage dans l'environnement, en permettant de choisir des perceptions qui peuvent être utilisées comme points de repère. Ces points de repère sont indépendants des déplacements du robot et pourront être reconnus quelle que soit l'erreur accumulée par les données proprioceptives. La reconnaissance de ces points est évidemment soumise à une incertitude, mais pas à une erreur cumulative, ce qui les rend utilisables comme référence à long terme [26].

II.3 Les capteurs de perceptions

Le développement de plusieurs types de capteurs dans le domaine de la robotique est le résultat de nécessité de déployer des robots mobiles dans un environnement non-structuré ou en coopération avec des humains.

Nous pouvons conclure de la section précédente qu'il existe donc deux types de capteurs: les capteurs proprioceptifs et les capteurs extéroceptifs. Dans le premier cas, à l'image de la perception chez les êtres vivants, on parle de proprioception et donc de capteurs proprioceptifs. On trouve par exemple dans cette catégorie les capteurs de position ou de vitesse des roues et les capteurs de charge de la batterie. Les capteurs renseignant sur l'état de l'environnement, donc de ce qui est extérieur au robot lui-même, sont eux appelés capteurs extéroceptifs. Il s'agit de capteurs donnant la distance du robot à l'environnement, la température, signalant la mise en contact du robot avec l'environnement, etc.

L'étude détaillée des capteurs, qui relève à la fois de la physique, de l'électronique et du traitement du signal, ne sera pas vue ici. Nous nous contenterons d'expliquer les principes de fonctionnement des capteurs présentés. On tachera simplement de garder à l'esprit que les défauts inhérents aux différents systèmes de mesure utilisés (bruit, erreurs ou échecs de mesures, difficulté de modélisation) influent fortement sur la perception que le robot a de l'environnement.

Chapitre II : La Perception en Robotique

II.3.1 Les capteurs proprioceptifs

Les capteurs proprioceptifs permettent une mesure du déplacement du robot. Ce sont les capteurs que l'on peut utiliser le plus directement pour la localisation, mais ils souffrent d'une dérive au cours du temps qui ne permet pas en général de les utiliser seuls. Aussi, ils ne peuvent donner des renseignements lors de l'arrêt du robot.

Il y a d'une part les capteurs proprioceptifs dit *de déplacement* tels que les odomètres, les accéléromètres, les radars Doppler,... Cette catégorie permet de mesurer des déplacements élémentaires, des variations de vitesse ou d'accélération sur des trajectoires rectilignes ou curvilignes. D'autre part, ceux dit *d'altitude* qui mesurent deux types de données : les angles de cap (direction de déplacement), et les angles de roulis et de tangage. Ils reposent principalement sur les mesures inertielles [27].

II.3.1.1 Les odomètres

L'odométrie permet d'estimer le déplacement à partir de la mesure de rotation des roues (ou du déplacement des pattes). La mesure de rotation est en général effectuée par un codeur optique disposé sur l'axe de la roue, ou sur le système de transmission (par exemple sur la sortie de la boite de vitesse). Le problème majeur de cette mesure est que l'estimation du déplacement fournie dépend très fortement de la qualité du contact entre la roue et le sol. Elle peut être relativement correcte pour une plate-forme à deux roues motrices sur un sol plan de qualité uniforme, mais est en général quasiment inutilisable seule pour un robot à chenille par exemple. Notons cependant que l'erreur de ces méthodes se retrouve en général principalement sur l'estimation de la direction du robot, tandis que la mesure de la distance parcourue est souvent de meilleure qualité.

Il existe divers types de modèles probabilistes pouvant être utilisés, mais les plus simples et les plus utilisés sont des modèles de bruit gaussiens sur la direction et la longueur du déplacement, ainsi que sur le changement de direction du robot. Les écarts types de ces différentes gaussiennes dépendent de la valeur de la mesure : l'erreur sur la longueur du déplacement est par exemple proportionnelle à cette longueur. Dans la figure II.1, Le niveau de gris représente la probabilité de la position après un déplacement rectiligne vers la droite. Le modèle utilise un bruit gaussien sur la longueur du déplacement et sur la direction du déplacement.

Il est bien sûr possible d'utiliser des modèles beaucoup plus fins de l'odométrie, par exemple en faisant une hypothèse de bruit gaussien sur la mesure de rotation de chaque roue et en déduisant l'erreur de déplacement du robot.

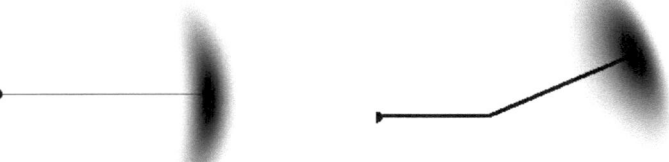

Figure II.1. Exemple de modèle probabiliste simple de l'odométrie. *Figure II.2 : exemple de combinaison de mesures pour les modèles probabilistes de l'odométrie*

Ces modèles probabilistes peuvent être utilisés pour générer des positions possibles du robot selon la distribution de probabilité déduite de la mesure de l'odométrie. L'application successive de plusieurs modèles probabilistes déduits de plusieurs mesures d'odométrie permet de les combiner et d'estimer la distribution de probabilité de position finale du robot (figure II.2).

Les systèmes odométriques peuvent fournir l'information concernant le changement de la position du robot mobile, ces informations sont extraites au moyen de capteurs qui comptent le nombre de rotations pour les axes des roues et leurs axes d'orientation. Pour cela des codeurs à haute résolution sont utilisés. Dans la plupart des cas ce sont des codeurs optiques incrémentaux, il existe néanmoins d'autres codeurs (magnétiques, inductifs, capacitifs...). L'information sur l'angle est discrétisée et le nombre de tours est compté, normalement la résolution est haute cependant la discrétisation devient un problème quand on mesure des rotations lentes.

Comme tout capteur, le modèle d'odométrie a bien des limitations du moment que l'idée fondamentale de celui-ci est l'intégration d'informations incrémentales du mouvement à travers le temps, ce qui mène inévitablement à l'accumulation d'erreurs, et particulièrement l'accumulation d'erreurs d'orientation qui causera une grande erreur dans la position [13], cette erreur croît proportionnellement avec la distance traversée par le robot.

Quand on cherche à mesurer ou réduire les erreurs de l'odométrie, il est important de faire la différence entre l'erreur systématique et non systématique de l'odométrie. Les erreurs systématiques sont celles qui sont en partie inhérentes à la cinématique du robot ou à ses paramètres de contrôle indépendamment de l'environnement. Les erreurs non systématiques sont celles qui dépendent de l'environnement du robot et diffèrent d'un environnement à un autre.

La distinction entre ces deux groupes est importante car chaque groupe influe différemment sur la plateforme mobile. Borenstein et ses collaborateurs [28-32] étudient les différentes sources des deux types d'erreurs, et catégorisent ces erreurs d'odométrie ainsi :

- Les erreurs systématiques :
  - Diamètres des roues différents.
  - Roues mal positionnées.
  - Une résolution limitée des encodeurs.
  - Vitesse d'échantillonnage des encodeurs limitée.

- Les erreurs non systématiques
  - Se déplacer sur un sol raboteux.
  - Se déplacer à travers des objets imprévus sur le sol.
  - Glissement des roues (sol lisse, excès d'accélération, patiner dans un tournant rapide, etc.).
  - Forces externes (interaction avec des corps externes).
  - Forces internes (roues folles).
  - Pas de contact avec le sol.

Tout modèle odométrique aussi bon qu'il soit n'est qu'une approximation du vrai modèle cinématique, et quand l'odométrie est utilisée pour la prédiction de la position, la partie la plus

Chapitre II : La Perception en Robotique

critiquée de l'estimation est la capacité à estimer l'orientation du robot, car même une petite erreur dans l'orientation θ du robot (ce qu'on appelle par drift) induit à une grande erreur dans la position, mais par une modélisation soigneuse cette erreur systématique pourra être limitée.

Les plateformes d'intérieur ont normalement une qualité odométrique meilleure que celle d'extérieur, vu la nature plane des surfaces d'intérieur contrairement aux surfaces d'extérieur qui sont généralement rugueuses.

Comme l'odométrie est une partie importante de la localisation et que l'information odométrique est facile à utiliser, elle est donc devenue une partie centrale de la plupart des systèmes de localisation (vu son bas prix). L'odométrie est hautement fiable pour des petites distances, mais se dégrade avec la distance.

II.3.1.2 Les accéléromètres

L'accéléromètre est un capteur qui mesure l'accélération linéaire en un point donné. En pratique, la mesure de l'accélération est effectuée à l'aide d'une masse d'épreuve M, de masse m, reliée à un boîtier du capteur [33]. Le principe de ce capteur est de mesurer l'effort massique non gravitationnel qu'on doit appliquer à M pour le maintenir en place dans le boîtier lorsqu'une accélération est appliquée au boîtier. Le calcul du déplacement élémentaire du robot est obtenu par une double intégration de ces informations. Cette double intégration conduit généralement à des accumulations importantes d'erreurs. Ce capteur est plus coûteux que les odomètres.

II.3.1.3 Les gyroscopes, les gyromètres, les gyrocompas

Les gyromètres sont des capteurs proprioceptifs qui permettent de mesurer l'orientation du corps sur lequel ils sont placés, ceci par rapport à un référentiel fixe et selon un ou deux axes. Monté sur un robot mobile plan, un gyromètre à un axe permet donc de mesurer son orientation. Il existe plusieurs sortes de gyromètres : mécaniques et optiques pour les plus connus, mais aussi à structures vibrantes, capacitifs, etc. [26]

II.3.1.4 Les compas magnétiques

Le magnétomètre qui est aussi appelé compas magnétique (ou boussole) mesure la direction du champ magnétique terrestre pour déduire l'orientation du robot.

Basé sur une variété d'effets physiques liés au champ magnétique de la terre, plusieurs capteurs sont disponibles :
- boussoles magnétiques mécaniques.
- boussoles à vanne de flux.
- boussoles à effet Hall.
- boussoles magnéto-résistantes.
- boussoles magnéto-élastiques.

Parmi toutes les technologies adoptées pour ce type de capteur, la mieux adaptée pour la robotique mobile est celle dite à vanne de flux. Elle a l'avantage de consommer peu d'énergie, de n'avoir aucune pièce mobile, d'être résistante aux chocs et aux vibrations et d'être peu coûteuse. Toutefois, les mesures sont perturbées par l'environnement magnétique du robot (comme par exemple les lignes d'énergie ou les structures en acier).

Chapitre II : La Perception en Robotique

Ceci rend difficile l'utilisation de ce capteur en milieu d'intérieur, c'est pourquoi il est très utilisé sur des robots mobiles évoluant dans la nature en apportant le plus grand soin à leur positionnement sur le robot pour éviter les influences des composants du robot, notamment les moteurs électriques. La caractéristique principale de ce capteur est sa précision moyenne qui sur un long trajet, est relativement bonne [34].

II.3.2 Les capteurs extéroceptifs

Ils permettent d'estimer et d'extraire les caractéristiques de l'environnement afin que le robot puisse corriger les erreurs dans le monde réel, détecter les changements de l'environnement et éviter des obstacles inattendus. Ils peuvent être divisés en 2 catégories :
    a) Capteurs de navigation non visuels
    b) Capteurs de navigation visuels

II.3.2.1 Les télémètres

On appelle télémétrie toute technique de mesure de distance par des procédés acoustiques, optiques ou radioélectriques. L'appareil permettant de mesurer les distances est appelé télémètre. De même qu'il existe différentes techniques de mesure de distance (mesure du temps de vol d'une onde, triangulation), il existe différentes technologies pour réaliser des télémètres. Nous présentons ici les plus répandues en robotique mobile, en donnant une idée de leur gamme de mesure et d'application. Tous les capteurs télémétriques, basés sur des mesures de l'environnement, sont bien évidemment actifs et extéroceptifs. Les plus utilisés restent les capteurs à infrarouges, les capteurs à ultrasons ou le laser.

- *Les capteurs infrarouges*

Les capteurs infrarouges sont constitués d'un ensemble émetteur/récepteur fonctionnant avec des radiations non visibles, dont la longueur d'onde est juste inférieure à celle du rouge visible. La mesure des radiations infrarouges étant limitée et, en tout état de cause, la qualité très dégradée au delà d'un mètre, ces dispositifs ne servent que rarement de télémètres. On les rencontrera le plus souvent comme détecteurs de proximité, ou dans un mode encore plus dégradé de présence. Il faut noter que ce type de détection est sensible aux conditions extérieures, notamment à la lumière ambiante, à la spécularité des surfaces sur lesquelles se réfléchissent les infrarouges, à la température et même à la pression ambiante.

Ces capteurs ne sont pas complètement directionnels et leur caractéristique (à l'image des capteurs ultrasons présentés par la suite) présente une zone de détection conique à l'origine d'incertitudes. Enfin, l'alternance de phases d'émission et de réception impose une distance de détection minimale.

 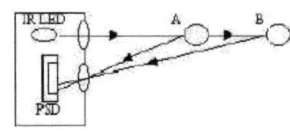

Figure II.3. Télémètre infrarouge Sharp.

Les inconvénients de ces télémètres sont donc liés à leur portée, en général relativement restreinte, et à leur sensibilité aux fortes sources de lumières qui contiennent un fort

Chapitre II : La Perception en Robotique

rayonnement infrarouge. Un projecteur du type de ceux utilisés pour la télévision pointé sur le robot, par exemple, sature en général complètement le récepteur et empêche toute détection d'obstacle. Ils sont également très sensibles à la couleur et à la nature de la surface de l'obstacle (par exemple, ils détectent difficilement les vitres).

- *Les capteurs ultrasons*

Les télémètres à ultrasons sont historiquement les premiers à avoir été utilisés. Ils utilisent la mesure du temps de retour d'une onde sonore réfléchie par les obstacles pour estimer la distance (Figure II.4).

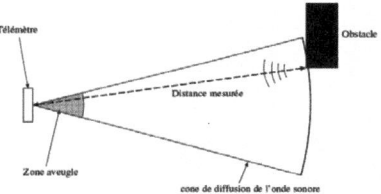 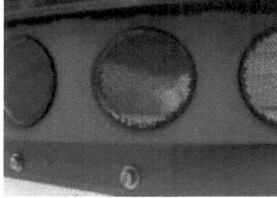

Figure II.4. Principe d'un télémètre à ultrason et exemple d'un télémètre.

Les capteurs ultrasons sont aujourd'hui les capteurs les plus communément employés dans les systèmes de robotique mobile autonome d'intérieur ou d'extérieur en raison de leurs bas prix, faible consommation, simplicité et compacité. Depuis plusieurs années, ils ont été utilisés dans des domaines tels que la modélisation d'environnement, l'évitement d'obstacle, l'estimation de la position ou la navigation. Puis des travaux ont montré la possibilité de les employer en milieu d'extérieur [35]. Il existe différents types de capteurs à ultrasons ; les plus utilisés en robotique mobile sont de type polaroïd [36], plusieurs exemples sont présentés dans la figure II.5.

En premier lieu, deux télémètres voisins ne peuvent être utilisés simultanément, car il est impossible de savoir par lequel des deux télémètres une onde réfléchie a été émise (phénomène de "crosstalk"). Un robot possédant plusieurs télémètres doit donc les activer l'un après l'autre, ce qui entraîne un taux de rafraîchissement global des mesures relativement faibles.

(a)   (b)

Figure II.5. Exemple de télémètres à ultrasons:
(a) télémètre ultrasons MSU08
(b) Télémètre ultrasonore Polaroid Migatron RPS 409 IS

Ces télémètres possèdent une "zone aveugle", de quelques dizaines de centimètres, en dessous de laquelle ils ne peuvent détecter les obstacles. Cette zone est due à une temporisation

Chapitre II : La Perception en Robotique

entre l'émission de l'onde sonore et le début de la détection de l'onde réfléchie qui est nécessaire pour ne pas perturber cette mesure.

De plus, l'onde réfléchie est très sensible aux conditions environnementales locales. Ainsi, si l'angle entre l'obstacle et la direction de l'onde sonore est trop faible, il n'y aura pas de retour de l'onde sonore et l'obstacle ne sera pas perçu. L'onde de retour dépend également de la texture de l'obstacle. Un mur couvert de moquette pourra par exemple ne pas être détecté.

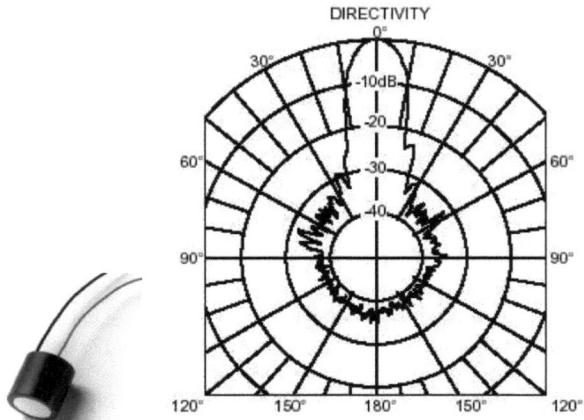

Figure II.6. Télémètre ultrasonore Airmar AT120 et caractéristique d'émission.

Les systèmes ultrasonores présentent aussi d'autres défauts. Le premier d'entre eux résulte d'une émission imparfaite : au lieu d'être canalisées dans une seule direction, les ondes se propagent selon un cône dont le sommet est la source d''émission. Plus l'angle d'ouverture du cône est grand, plus cela influe sur la détection des objets. La caractéristique décrivant la directivité de la mesure d'un capteur Airmar AT120 [37] est donnée à la figure II.6 Elle fait nettement apparaître un cône d'émission dont l'angle d'ouverture avoisine les 20 degrés. Autre problème, l'alternance de périodes d'émissions.

Ces capteurs ne peuvent ainsi pas percevoir des objets trop proches. A l'inverse, à cause de l'atténuation de la puissance des ondes, il existe aussi une distance maximale, déterminée dans les meilleures conditions possibles (matériau parfaitement réfléchissant, angle d'incidence idéal). La plage de pleine variation de la mesure (généralement 0-10 V analogiques) est ainsi adaptée au capteur proposé et la distance effective de mesure se situe aux alentours des deux tiers de la plage de mesure. Enfin, la fréquence maximale des mesures est variable liée à la distance de mesure maximale autorisée et à la fréquence des ultrasons [38].

- *Les télémètres laser*

Les télémètres laser sont, à ce jour, le moyen le plus répandu en robotique mobile pour obtenir des mesures précises de distance. Leur principe de fonctionnement est le suivant. A un instant donné, une impulsion lumineuse très courte est envoyée par l'intermédiaire d'une diode laser de faible puissance. La portée du capteur dépend de la réflectivité des milieux rencontrés, mais une valeur typique de 30 mètres est atteinte avec un télémètre de bonne qualité. Outre

Chapitre II : La Perception en Robotique

cette portée relativement satisfaisante pour une application de navigation à basse vitesse, les autres performances de ces capteurs en termes de précision de mesure, de résolution angulaire et de stabilité en température font d'eux les meilleurs télémètres pour la robotique mobile. La gamme de produits de la marque Sick fait référence pour la navigation des robots mobiles. [27]

Les télémètres les plus utilisés à l'heure actuelle pour des applications de cartographie et de localisation sont les télémètres laser à balayage. Ils utilisent un faisceau laser mis en rotation afin de balayer un plan, en général horizontal, et qui permet de mesurer la distance des objets qui coupent ce plan (Figure II.7). Cette mesure peut être réalisée selon différentes techniques (mesure du temps de retour, interférométrie...). Des systèmes sans balayage permettant d'obtenir une image de profondeur sont également en cours de développement. Ils restent aujourd'hui du domaine de la recherche mais sont d'un très grand intérêt potentiel pour la robotique mobile. [27]

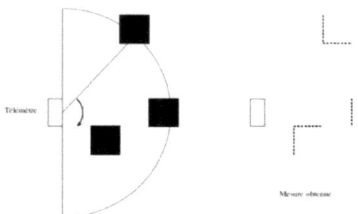

Figure II.7. Illustration d'un télémètre laser.

Ces télémètres sont très utilisés en environnement intérieur car ils fournissent des données abondantes et précises sur la position des objets caractéristiques de l'environnement tels que les murs. Ils possèdent toutefois un certain nombre d'inconvénients.

En premier lieu, leur zone de perception est restreinte à un plan et ne permet donc pas de détecter les obstacles situés hors de ce plan (un petit objet posé au sol par exemple). Ils ne peuvent pas non plus détecter les objets ne réfléchissant pas correctement la lumière du laser (en premier lieu les vitres, mais aussi certains objets très réfléchissants, tels que les objets chromés). Pour limiter ces inconvénients, il est possible de les utiliser en conjonction avec des capteurs à ultrasons qui ont un cône de détection plus large et qui peuvent détecter les vitres.

- *Le GPS (Global Positioning System)*

Il existe très peu de systèmes donnant la position absolue d'un point dans un repère fixe donné. Le GPS (Global Positioning System), initialement développé pour les applications militaires américaines [39] est actuellement à la disposition du grand public. On peut cependant considérer que son utilisation dans ce cadre n'est pas garantie. La mise en place du projet civil européen Galileo [40] devrait offrir une alternative au GPS.

Le GPS fonctionne avec un ensemble de satellites, qui effectuent des émissions synchronisées dans le temps. Par recoupement des instants d'arrivée des signaux et de la position des satellites émetteurs, les récepteurs peuvent calculer leur position. Le principe de calcul de la position est basé sur une triangulation, à l'aide de quatre signaux reçus simultanément (le quatrième signal assure la robustesse de la mesure).

Chapitre II : La Perception en Robotique

II.3.2.2 Les caméras

L'utilisation d'une caméra pour percevoir l'environnement est une méthode attractive car elle semble proche des méthodes utilisées par les humains. En analysant les images captées par les caméras, on peut extraire une multitude d'informations. En robotique mobile, il y a plusieurs méthodes de vision basées sur diverses techniques. Par exemple, à l'aide d'un algorithme de segmentation [41], on peut reconnaître des objets de couleur en plus d'estimer leurs positions relatives (angle) par rapport à la vue de la caméra. À l'aide de techniques de vision tridimensionnelle [42], il est aussi possible d'estimer certaines distances dans l'environnement.

On peut aussi reconnaître des symboles, des caractères et lire des messages [43], comme des affiches dans un corridor, des signaux de direction, ou des badges de conférences. Le traitement des données volumineuses et complexes fournies par ces capteurs reste cependant difficile à l'heure actuelle, même si cela reste une voie de recherche très explorée.

- *Caméras simples*

Une caméra standard peut être utilisée de différentes manières pour la navigation d'un robot mobile. Elle peut être utilisée pour détecter des amers visuels (des points particuliers qui servent de repère, tels que des portes ou des affiches) à partir desquels il sera possible de calculer la position du robot. Elle peut également être utilisée pour détecter des "guides" de navigation pour le robot, tels que des routes ou des couloirs.

Il est également possible d'utiliser globalement une image pour caractériser une position ou un point de vue dans l'environnement. Il faudra alors comparer cette image aux nouvelles images acquises par le robot pour savoir si le robot est revenu à cette position. Cette comparaison peut faire appel à de très nombreuses techniques, notamment à celles utilisées dans le domaine de l'indexation d'image.

- *Caméras stéréoscopiques*

Lorsque l'on dispose de deux caméras observant la même partie de l'environnement à partir de deux points de vue différents, il est possible d'estimer la distance des objets et d'avoir ainsi une image de profondeur, qui peut être utilisée pour l'évitement d'obstacles ou la cartographie. Cette méthode suppose toutefois un minimum d'éléments saillants dans l'environnement (ou un minimum de texture) et peut être limitée, par exemple dans un environnement dont les murs sont peints de couleurs uniformes. La qualité de la reconstruction risque également de dépendre fortement des conditions de luminosité.

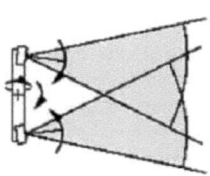 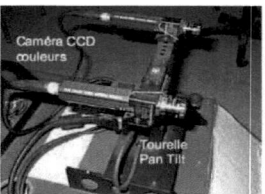

Figure II.8. Exemple d'une caméra stéréoscopique.

La stéréovision apparaît comme un des moyens de perception les plus performants en robotique. Toute la problématique de la stéréovision réside dans la robustesse de la phase de mise en correspondance des informations : elle est souvent liée à de nombreuses ambiguïtés

Chapitre II : La Perception en Robotique

mais aussi à des temps de calcul très importants (aspect fortement combinatoire de l'appariement). [26]

- *Caméras panoramiques*

Les caméras panoramiques (catadioptriques) sont constituées d'une caméra standard pointant vers un miroir de révolution (par exemple un simple cône, ou un profil plus complexe qui peut s'adapter à la résolution exacte que l'on veut obtenir sur le panorama) (figure II.9, II.10). L'image recueillie permet d'avoir une vision de l'environnement sur 360 degrés autour de la camera. Le secteur angulaire vertical observé dépend de la forme du miroir et peut être adapté aux besoins de chaque application.

Ce type de caméra est très pratique pour la navigation car une image prise par une camera panoramique orientée verticalement permet de caractériser une position, indépendamment de la direction du robot. En effet, pour une position donnée et pour deux orientations différentes, la même image sera formée par la caméra, à une rotation autour du centre près, tandis que pour une caméra standard, orientée horizontalement, la scène serait différente.

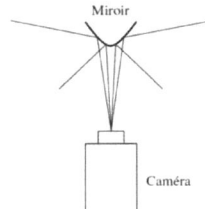

Figure II.9. *Principe des caméras panoramiques catadioptriques.*

Figure II.10. *Un exemple de caméra panoramique et une image exemple.*

Ces caméras sont donc très pratiques lorsque l'on caractérise une position de manière globale, mais peuvent aussi être utilisées pour détecter des amers ou pour estimer le flux optique. Dans ce cas, toutefois, comme la géométrie de l'image formée est relativement complexe et comme la résolution obtenue varie énormément selon la direction observée, les algorithmes doivent être adaptés, ce qui pose un certain nombre de problèmes. Concernant le flux optique, cependant, les caméras panoramiques possèdent l'avantage de contenir toujours le point d'expansion et le point de contraction dans l'image, ce qui rend l'estimation du mouvement beaucoup plus aisée [27].

Chapitre II : La Perception en Robotique

II.3.2.3 <u>Autres capteurs</u>

- *Les capteurs tactiles*

Les robots peuvent être équipés de capteurs tactiles, qui sont le plus souvent utilisés pour des arrêts d'urgence lorsqu'ils rencontrent un obstacle qui n'avait pas été détecté par le reste du système de perception. Ces capteurs peuvent être de simples contacteurs répartis sur le pourtour du robot. Ils ne détectent alors le contact qu'au dernier moment. Il est également possible d'utiliser des petites tiges arquées autour du robot pour servir d'intermédiaire à ces contacteurs, ce qui permet une détection un peu plus précoce et donne ainsi plus de marge pour arrêter le robot.

- *Les inclinomètres*

Les inclinomètres sont des capteurs mesurant des inclinaisons par rapport à la gravité terrestre. Il existe plusieurs technologies qui utilisent, soit des masses inertielles, dont la position est mesurée par un détecteur optique, soit des technologies capacitives permettant d'obtenir des capteurs de faible encombrement et d'un excellent rapport performance/coût.

II.4 Modélisation des mesures

Chaque capteur fournit un type différent d'information (*tessiture, taille, forme, vitesse, position...*). Par conséquent chacun obtient une vue partielle du monde réel et réagit à un certain stimulus émanant de l'extérieur. La difficulté est donc de créer des algorithmes pour interpréter ces données sensorielles avant leurs utilisations dans les tâches de commande et de navigation.

II.4.1 **Les grilles d'occupation**

Une grille d'occupation est une carte discrète de l'environnement. Pour l'obtenir, on divise l'environnement en cellules. On associe à chaque cellule une probabilité d'occupation qui est calculée à partir des mesures, du modèle du capteur et, s'il y a lieu, d'une connaissance *a priori* de l'environnement. Une cellule est dite *libre* si sa probabilité d'occupation est inférieure à un seuil choisi et *occupée* dans le cas inverse.

Moravec, Elfes et *Matthies* ont été parmi les premiers à utiliser le principe des grilles d'incertitude (ou grille d'occupation) [44, 45]. L'objectif de leurs travaux est de construire de manière autonome la carte de l'environnement d'un robot mobile. Pour cela le robot évolue dans un environnement inconnu non structuré et s'y déplace en évitant les obstacles, sans disposer d'aucun modèle *a priori* du lieu où il se trouve. Il doit construire une carte du lieu à partir des seules informations données par une ceinture de 24 capteurs à ultrasons de type polaroid montée sur le robot. Cette méthode peut être utilisée à partir des mesures issues de plusieurs types de capteur [7]. Chaque capteur construit sa carte locale qui va ensuite être intégrée dans une carte mise à jour du robot servant à établir la carte globale de l'environnement.

Un inconvénient de ce principe de mise à jour de la probabilité d'occupation d'une cellule est l'élimination des mesures contradictoires. Dans d'autres travaux [46], un test permet de gérer les mesures contradictoires en les traitants différemment.

Certains travaux utilisent ces grilles d'occupation en remplaçant le seuil de décision unique par deux seuils ; cela permet de donner une valeur neutre (ni libre, ni occupée) aux cellules ayant une valeur proche du seuil unique [47].

Chapitre II : La Perception en Robotique

II.4.2 Les modèles géométriques

Les modèles géométriques sont des entités telles que des points, des segments de droite, des rectangles, des polygones, etc. obtenues à partir des mesures et constituant une représentation des différents éléments de l'environnement. La représentation la plus utilisée pour la localisation de robots mobiles est celle par segments de droite, que l'on obtient en effectuant un prétraitement des points de mesure qui consiste à les filtrer et à les regrouper.

Ces modèles sont obtenus soit à partir des mesures de capteurs télémétriques qui donnent la limite des obstacles, soit des modèles établis à partir d'une image d'un capteur de vision qui donne une autre perception de l'environnement.

II.4.2.1 Par télémétrie

Il existe différents filtrages et regroupements de points de mesure. Par exemple la méthode proposée dans [48] consiste à prendre les mesures d'un capteur à ultrasons tournant une par une, et à créer un segment dès que trois mesures sont suffisamment proches et alignées. Pour qu'un nouveau point puisse appartenir à un segment existant, il faut que la distance du point au segment soit plus petite que l'incertitude sur la mesure.

Au lieu de regrouper les points de mesure suivant leur alignement pour avoir une représentation par segments, il est possible de les réunir en fonction de la distance entre le capteur (tournant) et les points, ce qui constitue une région conique appelée RCD (Regions of Constant Depth) [49].

II.4.2.2 Par vision

Pour obtenir une représentation géométrique de l'environnement à partir d'un capteur de vison il faut réaliser un prétraitement de l'image. Ce traitement consiste à extraire les contours des objets présents dans l'image grâce à un filtre de *sobel* par exemple utilisé dans [50] ou encore un filtre de *Deriche* utilisé dans [51]. Dans la plupart des travaux de localisation de robots mobiles, des algorithmes utilisant uniquement les contours verticaux pour établir une liste de segment, ainsi dans les travaux de recherche sur l'estimation de l'orientation du robot par vision monoculaire [33], les segments sont obtenus en recherchant les contours verticaux ayant un nombre de pixels consécutif supérieur à un seuil fixé. En travaillant avec les contours extraits de deux images (par un capteur de vision stéréoscopique), il est possible d'obtenir une carte 3D composée de segments [52].

II.4.3 Représentation de l'environnement

Les deux utilisations possibles des perceptions présentées dans la section précédente (avec et sans modèle métrique) trouvent un parallèle dans deux types de représentations de l'environnement.

Lorsqu'aucun modèle métrique n'est utilisé pour les capteurs, les données sont en général mémorisées dans une carte *topologique* [53, 54]. Dans une telle carte, un ensemble de lieux et leurs relations de voisinage sont mémorisées. Chaque lieu est défini au moyen de perceptions recueillies lorsque le robot se trouve à la position correspondante. Les relations entre lieux sont, pour leur part, déduites des données proprioceptives.

Chapitre II : La Perception en Robotique

En revanche, lorsqu'un modèle métrique des capteurs est utilisé, les données peuvent être mémorisées au sein d'une carte *métrique* [55, 56] qui rassemble dans un même cadre de référence les données proprioceptives et les perceptions.

Naturellement, il est possible de construire une carte topologique lorsqu'un modèle métrique est utilisé. Dans ce cas, toutefois, les perceptions ne sont en général pas utilisées pour estimer la position relative des lieux visités, mais seulement pour caractériser ces lieux.

Dans le cas de la localisation, par exemple, à partir de mesures d'un environnement connu *a priori*, le problème consiste à estimer la localisation courante du robot. Ici, il s'agit de déterminer une représentation de l'environnement, en supposant connue la position du robot. La modélisation de l'environnement obtenue apparaît généralement sous la forme d'une carte géométrique ou d'une carte d'occupation.

II.5 La vision par ordinateur

La vision est un de nos sens les plus puissants. Elle nous fournit une quantité importante d'informations qui nous permettent d'interagir intelligemment avec notre environnement. Grâce à elle, nous sommes capables en un instant d'identifier la plupart des objets situés dans notre champ visuel, de repérer leur position et enfin d'ébaucher une réflexion sur les tâches que nous devons effectuer. Mais c'est aussi un de nos sens les plus compliqués. Son mécanisme reste mal connu malgré les progrès réalisés par la psychologie cognitive. Ainsi, notre système de perception visuelle règle en permanence et sans même que nous nous en apercevions des problèmes aussi essentiels à notre survie que de savoir où nous sommes et comment nous bougeons dans l'espace, de voir en trois dimensions,...

D'une manière similaire, la vision par ordinateur vise à donner aux robots la capacité de percevoir l'espace qui les entoure. Cependant, malgré les efforts des chercheurs aucune machine ne parvient à rivaliser - et de loin - avec la vision humaine. La vision par ordinateur ne vise pas la reproduction sur machine de la vision humaine. Elle vise plutôt à arriver par des moyens informatiques à des résultats similaires.

L'utilisation du capteur de vision, à laquelle nous nous sommes attachés, est particulièrement intéressante en raison de la grande richesse des informations qu'une caméra peut fournir et en raison de la grande variété des tâches qu'elle permet de réalise (l'identification, l'inspection, la localisation).

II.5.1 Définition de base

Nous allons présenter dans cette partie les définitions de bases qui nous permettront de mieux comprendre les sections suivantes.

Un pixel :

Un pixel (contraction de "picture element") est le nom associé à une unité de base de l'image qui correspond à un pas de discrétisation. Un pixel est caractérisé par sa position et sa valeur (i.e. son niveau de gris) [57].

Une image :

Une image est la représentation d'une scène acquise à l'aide d'un système d'acquisition ; c'est la forme discrète d'un phénomène continu. Le plus souvent, cette forme est

Chapitre II : La Perception en Robotique

bidimensionnelle où l'information dont elle est le support est caractéristique de l'intensité lumineuse (couleur ou niveaux de gris). [57]

Segmentation d'image :

Il s'agit d'une étape importante dans l'analyse d'une image. La segmentation consistera à regrouper les pixels de l'image en régions (composantes connexes). Ces régions vérifiant un critère d'homogénéité (par exemple sur les niveaux de gris ou sur la texture...) On cherche par ce traitement à obtenir une description compactée de l'image en régions. Le traitement permettra probablement à l'utilisateur de mesurer la forme des régions, certaines de leurs caractéristiques et d'autres part les relations spatiales entre régions par exemple. [58]

Un contour :

Représente la limite externe de la surface d'un corps, surtout en parlant d'un objet arrondi [58]. Ligne de séparation des éléments d'une image.

II.5.2 Définition de la vision par ordinateur

La *vision par ordinateur* désigne la *compréhension* d'une scène ou d'un phénomène à partir d'informations « image », liant intimement *perception*, *comportement* et *contrôle*. L'image en deux dimensions est une représentation d'un monde en trois dimensions. Il est naturel pour le cerveau humain de passer de cette information d'intensité lumineuse en 2D à une représentation sur laquelle on puisse raisonner. Ce cheminement n'a rien d'évident pour une machine qui va le plus souvent devoir créer et manipuler des représentations intermédiaires.

La première étape d'un processus d'analyse d'images consiste à structurer l'information contenue dans les pixels de l'image afin d'éliminer l'information inutile à la tâche de vision et la seconde consiste à extraire et à représenter l'information nécessaire à la poursuite du processus d'analyse. Cette information utile dépend, bien sûr, de la finalité de la tâche de vision.

Les domaines traités vont du *traitement du signal* à l'*intelligence artificielle*, on ne saurait donc prétendre à l'exhaustivité, mais on vise plutôt l'exploration d'un certain nombre de techniques importantes et actuelles. Le traitement d'image et la vision par ordinateur sont des disciplines relativement jeunes (~années 60) et qui évoluent rapidement. Elles sont en plein expansion et donnent lieu chaque année à une profusion de travaux, académiques, technologiques, industriels. Cette profusion s'explique par le caractère ardu du sujet : *complexité algorithmique* dû aux énormes volumes de données, caractère *mal posé* des problèmes et difficultés à formaliser une *faculté biologique « évidente »*. [57]

D'autre part l'engouement pour ces disciplines s'explique par la multiplication permanente d'*applications* et d'*enjeux industriels* dans des domaines aussi variés que : médecine, robotique, télécommunications, automobile, météorologie, défense, jeux vidéo, art, écologie,...

II.5.3 Les techniques de traitement d'images : extraction de primitives

Parmi les éléments caractéristiques que l'on cherche à extraire d'une image, on a longtemps cherché des méthodes robustes pour extraire des contours ou des lignes, puis des coins et des points d'intérêt. D'une part, ce sont des formes faciles à interpréter pour l'oeil humain et d'autre part, elles représentent une description physique réelle de la scène contenue dans l'image.

Chapitre II : La Perception en Robotique

Les contours et en particulier les droites, ont été les premières informations que l'on a cherché à modéliser et extraire des images [59]. L'extraction de contours a été beaucoup étudiée dans les années 80. Il est assez évident que chercher des contours ou segments de droites n'a un sens que si les scènes observées contiennent des objets structurés, avec certaines bonnes propriétés géométriques. Notons aussi que le seuillage pour la détection des contours n'est pas si simple et, sur certaines images, on veut à tout prix conserver tel ou tel contour, cela ne peut se faire qu'au prix d'un ajout ou d'une perte d'un certain nombre d'autres contours. De plus, l'étape de chaînage peut également devenir réellement problématique.

La description d'une forme bidimensionnelle en vue de sa reconnaissance, peut se baser sur la description de son contour. Dans ce cadre il est souvent utile d'extraire le contour de la forme à décrire au moyen de méthodes dérivatives ou analytiques.

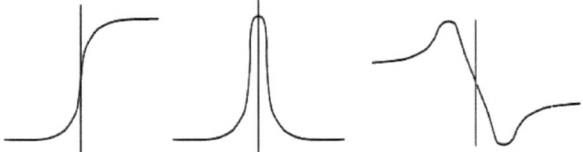

Figure II.11. Les deux principes de la détection de contours : dérivée première et dérivée seconde (discontinuité du signal, dérivée première, dérivée seconde).

Les détecteurs de contours sont dans leur grande majorité fondés sur des différences des intensités moyennes entre zones ou sur une variation locale d'intensité présentant un maximum ou un minimum. Les méthodes de détection de contours les plus utilisées se font par la mesure des discontinuités de niveau de gris sur un voisinage centré suivi d'un seuillage [60].

Le choix d'une méthode de détection dépendra du type d'images à traiter, de la richesse informationnelle que l'on désire retirer. Nous pouvons distinguer deux types d'opérateurs :
- Les opérateurs différentiels (dérivatifs).
- Les opérateurs adaptés (surfaciques).

Les opérateurs différentiels détectent les points de forts gradients ou de dérivée seconde nulle. Les premières idées de modélisation d'une discontinuité étaient très simples. Une discontinuité était assimilée à un fort gradient ou à un passage par zéro du Laplacien (figure II.11). Nous présentons également différents détecteurs pour donner une vue d'ensemble des travaux qui ont été effectués dans ce domaine. Notons que cette étude est presque exclusivement descriptive et que nous discutons des problèmes de gestion des informations relatifs aux détecteurs de contours dans les sections suivantes.

II.5.3.1 Gradients et Laplaciens

Il existe un nombre considérable de techniques pour calculer le gradient discret. Dans la plupart des cas, le gradient est calculé grâce à un produit de convolution. Il suffit donc de présenter le masque (la matrice des coefficients) pour définir complètement le type de gradient calculé.

Chapitre II : La Perception en Robotique

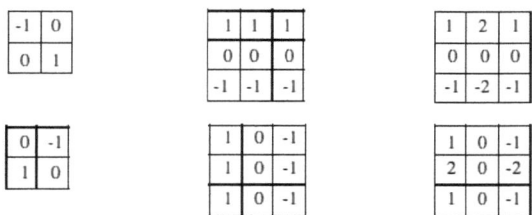

Figure II.12. *De gauche à droite, les masques de Roberts, Prewitt et Sobel.*

Le gradient discret est un vecteur qui peut être calculé de différentes manières. Chaque composante, calculée à l'aide d'une convolution, donne la valeur du gradient dans une direction donnée. Sur la figure II.12, nous présentons les masques 2x2 de Roberts [61], et les masques 3x3 de Prewitt [62] et Sobel [63].

Les techniques d'extraction de contours précédemment citées mettent en évidence les points d'une image susceptibles d'appartenir à la frontière d'une région et par voie de conséquence à un contour qui englobe cette région.

Ces techniques sont parfois insuffisantes pour décrire une carte contours. En effet, les contours peuvent souvent présenter des hiatus là où les transitions entre deux régions ne sont pas suffisamment abruptes. De plus, un contour détecté peut fort bien correspondre à des points qui ne font pas partie d'une frontière. Par ailleurs, un contour peut très bien se réduire en un ensemble de points ou de segments non connectés entre eux ou bien se présenter sous la forme d'une courbe non fermée.

Pour toutes ces raisons, le regroupement et la reconstruction de points de contour sont des étapes nécessaires et importantes de l'analyse d'images. On définit généralement des procédés de rejet de points de contraste introduits par erreur, ou bien d'adjonction de points inexistants pour combler les vides que présentent les contours, voire de fermeture de contours en connectant les différentes portions de courbe décrivant un contour. Une des techniques les plus employées reste la *transformée de Hough*.

II.5.3.2 La transformée de Hough

- Présentation de la transformée de Hough

La transformée de Hough (TH) est un outil de détection de courbes paramétriques dans une image. Elle a été proposée par P.V.C Hough dans un brevet déposé en 1960 [64]. Inaperçue pendant plusieurs années, cette dernière a été vulgarisée par les travaux de Rosenfield [65], Duda et Hart [66] au début des années 70, et depuis, elle fait l'objet d'une attention soutenue par la communauté scientifique. Depuis les années 80, elle a quitté les laboratoires de recherche pour trouver des champs d'applications dans de nombreux domaines industriels telle que la vision par ordinateur. Elle est devenue une des solutions la plus adaptée au problème de détection des lignes droites, cercles ou toutes autres formes paramétriques dans l'image.

Cependant, l'utilisation de la TH standard requiert de larges délais de traitement et d'espace mémoire énorme, alors, plusieurs variantes tels que la TH probabiliste, la TH aléatoire,

Chapitre II : La Perception en Robotique

la TH hiérarchique et la TH incrémentale ont été proposées pour améliorer ses performances, les rendre efficaces et praticables pour des tâches de traitement d'image en temps réel.

- Principe de la TH

Le principe de la TH implique une application des indices de l'espace image sur des ensembles de points dans un espace de paramètres. Chaque point de l'espace des paramètres représente une instance du modèle dans l'espace image. Chaque caractéristique image génère une surface différente dans un espace des paramètres multidimensionnel. Mais toutes les surfaces générées appartenant à une même instance du modèle se coupent en un même point qui décrit l'instance. Le but de la TH est de générer les surfaces et d'identifier le point paramètre où elles se coupent.

Soit une droite décrite dans le plan cartésien dans le plan (xy) par l'expression suivante :
$$f(y,x,a,b) = y - ax - b = 0$$
Sachant que a est la pente et b est l'ordonnée à l'origine des abscisses.

Etant donné un ensemble de contours d'objet représentés par un ensemble de points discrets M_i, nous cherchons à déterminer si un ou plusieurs sous-ensembles de points M_i font partie d'une courbe dont les paramètres a et b restent à définir. Si nous cherchons à tester les n points de M_i deux par deux, nous arriverons à un nombre exagéré d'itérations au moins supérieur à n^2.

Hough puis Rosenfield ont proposé une méthode qui consiste à calculer pour chaque point M_i de coordonnées (x_i, y_i), du contour d'un objet, l'ensemble des paramètres a qui vérifient l'équation $f(y_i, x_i, a, b) = 0$ avec b fixé.

Pour chaque point M_i (x_i, y_i), de l'image, il y a un ensemble de valeurs possibles pour les paramètres a et b. Cet ensemble forme une droite d'équation $b = -ax + y$ dans l'espace des paramètres *(ab)* appelé *espace de Hough*. Deux points p_i et p_j de cordonnées (x_i, y_i) et (x_j, y_j) respectivement, appartenant à la même droite, forment des droites dans l'espace des paramètres *(ab)*, qui se coupent au point N de coordonnées (a', b'). De cette façon tous les points qui appartiennent à la même droite forment des droites dans le plan des paramètres *(ab)* qui se coupent au même point. Ce concept est illustré dans les figures II.13a et II.13b.

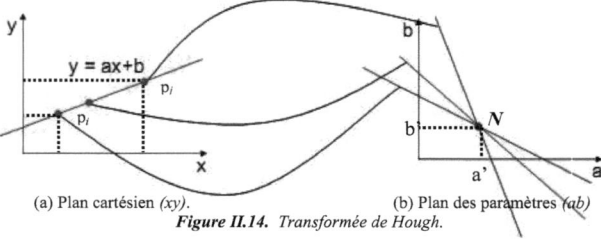

(a) Plan cartésien *(xy)*.   (b) Plan des paramètres *(ab)*
Figure II.14. *Transformée de Hough.*

Le traitement de Hough consiste en une quantification du plan des paramètres en créant une matrice accumulatrice de valeurs variant entre les valeurs max et min de la pente a et de l'ordonnée à l'origine des abscisses b.

Chapitre II : La Perception en Robotique

L'inconvénient majeur de cette procédure réside dans son incapacité à détecter les droites verticales. Pour remédier à ce problème, un paramétrage polaire (ρ, θ) est plus satisfaisant. Ce paramétrage est illustré dans la figure II.14.

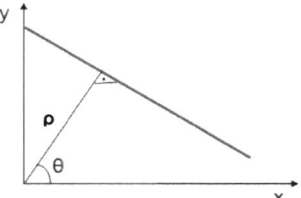

Figure II.14. Paramétrage polaire d'une droite.

Une droite est alors définie par l'équation suivante :
$$f(x, y, \rho, \theta) = \rho - x\cos\theta - y\sin\theta = 0$$

Avec ρ la distance perpendiculaire à la droite de l'origine du plan *(xy)* et θ l'angle entre cette distance et l'axe des x.

Le choix de la quantification de l'espace des paramètres (ρ, θ) doit porter sur les trois objectifs essentiels suivant :
1. garantir une précision de détection aussi bonne que possible,
2. diminuer la mémoire nécessaire au stockage,
3. accélérer le calcul.

Chaque point M_i de coordonnées (x_i, y_i) d'une droite se transforme dans le plan des paramètres *(ab)* en une sinusoïde d'équation : $\rho = x_i \cos\theta + y_j \sin\theta$.

Donc une droite sera représentée par un ensemble de sinusoïdes qui se coupent en un seul point de coordonnées polaires (ρ_0, θ_0) caractéristique de cette droite dans le plan des paramètres. Ceci est illustré par les figure II.15a et II.15b.

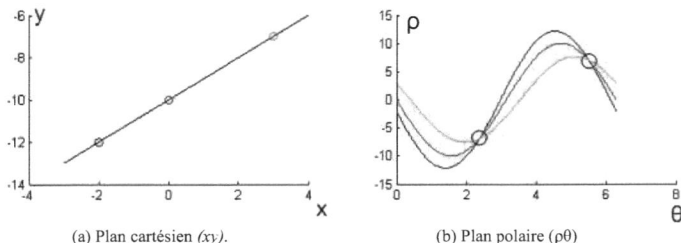

(a) Plan cartésien *(xy)*.   (b) Plan polaire (ρθ)

Figure II.15. Transformée de Hough.

II.5.3.3 Autres techniques

Cependant, pour obtenir un traitement d'image optimal d'autres opérations, que la détection de contours, peuvent être utilisées [67].

Chapitre II : La Perception en Robotique

- L'affinage et le seuillage

Lorsque le gradient a été calculé, un simple seuillage de ces valeurs fournit déjà de bonnes informations sur la présence des discontinuités. Cependant, les contours sont généralement épais, c'est à dire que pour une même discontinuité, plusieurs pixels ont une valeur de gradient supérieure au seuil.

Une étape d'affinage des contours est nécessaire. Une des techniques les plus simples consiste à remettre à zéro toutes les valeurs de gradient qui ne sont pas maximales par rapport à celles des pixels voisins situés dans la direction du gradient. En effet, la valeur du gradient doit être maximale localement à la position exacte du contour et décroître de part et d'autre de celui-ci dans la direction du gradient.

Un seuillage simple s'avère en général insuffisant. Des faux pixel-contours sont détectés dans les zones bruitées ou les zones de texture (même légèrement) et des pixel-contours importants dont le gradient est faible sont oubliés. D'autres techniques de seuillage existent, nous en détaillons quelques unes.

L'exemple le plus significatif de l'utilisation du seuillage est l'image binaire. Une image binaire est celle pour laquelle chaque pixel ne peut avoir pour valeur que 0 ou 1. Elle offre plusieurs avantages tels que : la réduction de l'espace mémoire, isolation des objets sur un fond…etc. pour l'obtention d'une image binaire à partir d'une image en niveaux de gris ou d'une image à gradient, des techniques de seuillage sont utilisées.

Dans ce cas, le seuillage est une opération qui permettra de ramener une image brute à plusieurs niveaux à une autre à deux niveaux seulement. La méthode la plus adoptée est celle basée sur l'histogramme de l'image. Le problème principal de cette méthode est le choix du seuil (ou de l'intervalle de binarisation). Avec un intervalle trop large, on obtient une image binaire contenant des pixels qui ne font pas partie des objets que l'on veut extraire. Généralement il s'agit de bruit, ou des structures d'une autre nature, qui ont un niveau de gris ou un gradient proche de celui des objets recherchés. Avec un intervalle trop étroit, on obtient une image binaire dont certain objets d'intérêt n'apparaissent pas ou apparaissent partiellement.

- Le prolongement, la correction et le chaînage

Un prolongement des contours peut s'avérer nécessaire pour deux raisons. Premièrement, les résultats du détecteur ne sont pas toujours de grande qualité et de nombreux contours tronqués doivent être rallongés et raccordés. Deuxièmement, pour certaines applications, il est intéressant d'avoir des contours fermés pour travailler ensuite sur les formes obtenues. Il existe de très nombreuses techniques pour prolonger les contours. La plupart d'entre elles sont fondées sur la recherche d'un parcours optimal dans un graphe évalué. [67]

De façon générale, il s'agit d'exploiter les informations sur le gradient, associant intensité et direction, ainsi que l'orientation à l'extrémité pour générer des prolongements jusqu'à ce qu'un critère d'arrêt soit vérifié, comme par exemple la proximité d'un autre contour, un gradient trop faible ou un nombre limite de pixel- contours ajoutés. Des techniques de programmation dynamique, de recherche heuristique, ou de construction d'automates d'états finis ont été développées dans ce but. Il est également possible de raisonner uniquement sur les chaînes de pixel-contours : si deux contours sont suffisamment proches l'un de l'autre et à peu près alignés, ils sont prolongés et raccordés. Une description assez complète des méthodes de

Chapitre II : La Perception en Robotique

prolongement peut être trouvée dans le livre de Ballard et Brown [68] ainsi que dans la thèse de Bonnin [69].

Le prolongement des contours est souvent considéré comme une étape de correction, puisque les informations utilisées pour rallonger les contours restent essentiellement les mêmes que pour la détection des contours, c'est à dire l'intensité et la direction du gradient. Dans certains cas cependant, les valeurs de gradient ne permettent pas de déterminer la présence ou la fin d'un contour. Un éventuel prolongement ne relève alors pas de la détection des contours, mais plutôt des techniques d'association inspirées de la théorie Gestaltiste, avec notamment la continuité de la forme.

II.6 Etat de l'art sur la fusion multicapteurs

Le développement de plusieurs types de capteurs dans le domaine de la robotique est le résultat de la nécessité de déployer des robots mobiles dans un environnement non-structuré ou en coopération avec des humains. Chaque capteur fournit un type différent d'information (*tessiture, taille, forme, vitesse, position...*). Par conséquent chacun obtient une vue partielle du monde réel et réagit à un certain stimulus émanant de l'extérieur. La difficulté est donc de créer des algorithmes pour interpréter ces données sensorielles avant leurs utilisations dans les tâches de commande et de navigation.

Il est clair aussi qu'aucun capteur ne travaille efficacement dans toutes les applications, sachant que dans la plupart des applications robotiques dans le monde réel, l'environnement est incertain et dynamiquement changeant. Les informations émanant des différents capteurs permettent d'obtenir une image complète du monde réel, ceci en les fusionnant.

Il faut préciser que la fusion de données vise d'une part à surmonter les limitations individuelles des capteurs et d'autre part, à engendrer une estimation précise, fiable et robuste de l'état de l'environnement. Les applications de la fusion et de l'intégration de capteurs en robotique mobile peuvent être classées par deux tâches principales : i) reconnaissance d'environnement, et ii) localisation [71].

De nombreux travaux utilisent la coopération de capteurs pour contribuer aux problématiques que sont la localisation et la modélisation de l'environnement. Dans [48], un capteur de vision omnidirectionnel et un capteur ultrasonore sont utilisés conjointement. Le système de vision omnidirectionnel donne l'angle d'azimut des amers verticaux de l'environnement. Le capteur ultrasonore fournit une confirmation de l'espace libre entre deux amers verticaux.

D'autres travaux utilisent pour la localisation du robot la coopération entre un télémètre laser et un système de vision monoculaire [73]. Une segmentation du relevé laser lui permet d'obtenir un ensemble de primitives de type segment. L'application de la transformée de Hough sur l'image CCD fournit les angles des amers verticaux devant le robot. La carte théorique de l'environnement est composée d'une liste de segments et d'une liste d'amers verticaux. L'appariement des deux types d'objets est réalisé grâce à un filtre de Kalman étendu.

Matthies et Elfes [72] ont utilisé, quant à eux, l'approche du raisonnement bayésien pour la mise à jour et l'intégration des probabilités des grilles d'occupation d'une caméra stéréoscopique et d'une ceinture de capteurs à ultrasons.

Les chercheurs, dans leur quête d'automatiser le robot, poursuivent le but de le faire naviguer dans un environnement inconnu et ceci en toute sécurité mais surtout pouvoir le doter de nouvelles informations et de faciliter sa navigation. Pour cela, les techniques de reconnaissance d'environnement ont proliféré, ces dernières années. Le raisonnement d'évidence de Dempster-Shafer qui est une généralisation du raisonnement bayésien offre une manière de combiner une information incertaine de sources sensorielles différentes avec différents niveaux d'abstractions. Bogler [74] a exploré son application dans l'identification de cible.

La logique floue permet de représenter les incertitudes de chaque mesure de capteurs. Kim [75] a développé une méthodologie orientée floue pour la reconnaissance d'environnement en utilisant une moyenne pondérée floue et le raisonnement flou. Une base de connaissance floue a été construite pour reconnaître les caractéristiques types (mur, coin et bordures) avec des données capteurs à ultrasons et d'une caméra CCD.

Stover et al [76] ont proposé quant à eux une architecture pour la fusion multicapteurs. L'architecture a pu fournir non seulement la fusion mais aussi le contrôle basé sur les inférences de la fusion de données dynamique pour la reconnaissance d'environnement.

Crowley [77] a utilisé un sonar rotatif et des capteurs tactiles pour construire un modèle de l'environnement avec des sous-modèles locaux. Le robot mobile de Stanford utilise un système de vision stéréoscopique et des capteurs ultrasons pour acquérir des caractéristiques géométriques dans un environnement non structuré. Shafer et al. [78] ont développé un logiciel modulaire distribué qui intègre une caméra, un sonar et un laser pour un véhicule autonome NAVLAB.

II.7 Conclusion

La problématique de la modélisation de l'environnement nécessite de s'intéresser obligatoirement aux éléments de la chaîne de perception qui sont les capteurs et les méthodes de modélisation. De la manière la plus synthétique possible, nous avons présenté un état de l'art dans ce chapitre. Les constats pouvant être dégagés sont multiples. Par rapport aux systèmes de perception utilisés en robotique mobile, deux familles de capteurs peuvent être utilisées. Nous avons pu constater que celles-ci sont plus complémentaires que concurrentes. C'est pour cette raison que la robotique exploitera généralement des informations sensorielles émanant de ces deux catégories de capteurs, afin de concrétiser les objectifs à atteindre.

Nous pouvons étendre cette remarque à la problématique spécifique qu'est la perception du milieu d'évolution du robot : l'emploi d'un capteur extéroceptif unique pour cette mission sera généralement insuffisant. Ainsi, l'association de plusieurs capteurs extéroceptifs, permettra d'obtenir un modèle sensoriel robuste et hautement descriptif. Ce modèle servira à construire la carte d'environnement du robot. Quant aux capteurs proprioceptifs, ils serviront à estimer la position du robot dans cet environnement. L'état de l'art présenté laisse apparaître plusieurs méthodes de modélisation et de reconnaissance d'environnement, chacune ayant des avantages et inconvénients.

Pour notre travail, notre choix s'est porté sur deux applications : la localisation et la reconnaissance d'environnement. Vu que notre objectif est la fusion des données issues des différents capteurs, un filtre de Kalman a été choisi pour cette tâche. Etant donné la non linéarité du système, un filtre de Kalman étendu est plus adéquat pour l'objectif que nous visons.

Pour la localisation, nous utiliserons, d'une part, une méthode de localisation absolue et d'autre part, une méthode de localisation relative. Ces deux méthodes, nous conduirons à deux positions de robots qui seront fusionnées.

Pour la reconnaissance d'environnement, différentes techniques de traitement seront utiles afin d'extraire les données nécessaires pour atteindre l'objectif de 'classification'. Toutes ces étapes de traitement et les détails des méthodes utilisées seront présentés dans le prochain chapitre et ceci pour la localisation et la reconnaissance d'environnement.

Chapitre II : La Perception en Robotique

Chapitre III
Application à la localisation et à la reconnaissance d'environnement

Chapitre III : Application à la localisation et à la reconnaissance d'environnement

III.1 Introduction

Notre travail consiste à apporter des informations concrètes d'une part sur la position du robot et d'autre part sur son environnement. Chaque application nécessite un certain prétraitement qui mènera à l'extraction d'informations utiles. Pour la localisation, une localisation par capteurs extéroceptifs est utile pour permettre une correction des données odométriques connues pour leurs erreurs. Pour la reconnaissance d'environnement, le prétraitement appliqué aux données sensorielles conduira à l'extraction de primitives ou de caractéristiques spécifiques qui aideront à la définition des lieux et objets présents dans l'environnement.

Deux applications distinctes mais indispensables sont donc proposées dans ce chapitre. Une méthode de triangulation appelée *'Triangulation Géométrique Généralisée'* permettra dans un premier temps de localiser le robot grâce aux données acquises par les capteurs à ultrasons. Puis l'étape de fusion de données permettra de corriger la position du robot et ceci par le filtre de Kalman.

Une méthode de fusion sera aussi présentée pour une application de reconnaissance d'environnement. On extrait de chaque capteur une image partielle et incertaine de l'environnement, ensuite on montre que la coopération des deux capteurs à ultrasons et caméra CCD permet de renforcer les informations émanant de chaque capteur.

III.2 La localisation

Nous nous focaliserons dans ce chapitre sur deux méthodes, celles les plus adaptées pour notre cas, à savoir, la méthode de triangulation et le filtre de Kalman étendu. Elles seront étudiées en détail, puis implémentés grâce à des données recueillies des capteurs à ultrasons.

La méthode de triangulation est une méthode de localisation absolue (utilisant des capteurs extéroceptifs), il n'empêche qu'elle peut avoir recours à des capteurs proprioceptifs tels que les odomètres pour avoir une estimation de la position des obstacles qui feront office de balises. Mais ces capteurs sont généralement connus pour leurs erreurs cumulatives, ce qui peut fausser les résultats obtenus lors de la phase de localisation. Les capteurs extéroceptifs utilisés sont les capteurs à ultrasons.

Une autre méthode peut remédier aux problèmes des odomètres : le filtre de Kalman étendu. C'est une méthode de fusion permettant la localisation du robot en fusionnant les données issues des capteurs proprioceptifs et celles issues des capteurs extéroceptifs pour fournir une position estimée du robot.

III.2.1 Les capteurs à ultrasons

Comme nous l'avons décrit au chapitre 2, le capteur à ultrasons présente l'avantage de donner directement une information de distance mais son inconvénient est que cette mesure est assez imprécise. En effet, l'angle d'ouverture (de 20 à 30°) introduit un facteur d'incertitude concernant la direction dans laquelle se situe l'obstacle perçu. Pour une mesure d donnée par le capteur, en considérant un espace à deux dimensions et en négligeant les incertitudes sur la mesure, la région correspondant aux positions possibles de l'obstacle détecté prend la forme d'un arc centré sur le capteur, avec un rayon égal à d. Les dimensions de l'objet sont aussi masquées par cette propriété du capteur à ultrasons ; il peut s'agir d'un mur ou seulement d'un objet de petite taille.

Chapitre III : Application à la localisation et à la reconnaissance d'environnement

Une incertitude sur la distance mesurée, appelée également *incertitude radiale* est aussi présente. Elle provient des phénomènes atmosphériques (température, courants d'air, etc.) pouvant modifier la vitesse de l'onde. Pour les capteurs utilisés comme émetteur et récepteur tels que ceux que nous utilisons (Polaroïd), une distance minimale détectable est définie. Cette distance est déduite du temps nécessaire pour que la membrane du capteur puisse se stabiliser après l'émission de l'onde.

Dans le domaine de perception du capteur, des phénomènes tels que la spécularité, les réflexions multiples ou la diaphonie peuvent intervenir, nous allons en décrire les causes et les effets. En cherchant à limiter la dépendance aux variations de l'environnement, le concepteur de robot aboutit en général au problème du *perceptual aliasing*. Ce problème désigne l'incapacité d'un système de perception à distinguer de manière unique tous les lieux d'un environnement.

Cette situation est très courante lorsque les robots utilisent des capteurs de distance aux obstacles tels que les capteurs à ultrasons. Dans un environnement intérieur, de tels capteurs sont, par exemple, capables de mesurer la position du robot par rapport à un coin, mais ne fournissent aucune information sur la position le long d'un couloir rectiligne. Toutes les positions le long d'un couloir correspondent alors à des perceptions identiques.

Deux solutions peuvent être apportées à ce problème [26]. La première est d'utiliser des capteurs qui fournissent des données plus précises ou plus discriminantes. Dans le cas des capteurs de distance, il est, par exemple, possible d'utiliser un télémètre laser qui pourra distinguer les renfoncements des portes et sera ainsi plus précis. Il est aussi possible d'utiliser une caméra, qui sera sensible à la couleur des murs, en plus de leur forme, et pourra ainsi discriminer entre différentes positions dans un couloir. Toutefois, il est très difficile de garantir a priori que toutes les positions d'un environnement seront reconnues de manière unique. Cette solution ne permet donc pas, en général, de régler complètement le problème du *perceptual aliasing*, mais seulement d'en repousser l'apparition.

La seconde solution est d'utiliser des informations proprioceptives afin de distinguer deux positions physiquement différentes mais similaires pour le système perceptif. Ainsi deux lieux, dont la position relative mesurée par les données proprioceptives est non nulle, ne seront pas confondus. Cette solution est celle qui est mise en œuvre dans la majorité des systèmes de navigation, car elle permet d'utiliser les deux sources d'informations en limitant les défauts inhérents à chacune. Ainsi la dégradation progressive des informations proprioceptives est compensée par la reconnaissance de positions de l'environnement grâce aux perceptions. Inversement, le problème de *perceptual aliasing* est réglé par l'utilisation des données proprioceptives. Pour notre part nous utiliserons la seconde solution plus appropriée et adéquate à notre cas.

III.2.2 Méthode de localisation appliquée

Pour la localisation du robot Pioneer II, on ne peut se baser sur les données odométriques fournies par celui-ci à cause de toutes les erreurs citées auparavant dans le chapitre 2, c'est pourquoi on fait une estimation de cette position pour se rapprocher au maximum de la position réelle du robot. Dans notre cas, deux méthodes pourraient bien être utilisées pour calculer cette estimation au vu des outils dont on dispose à savoir la méthode de triangulation et le filtre de Kalman étendu (EKF).

a) *La triangulation géométrique généralisée*

La triangulation est basée sur la mesure de la portée du robot relativement à des balises placées dans des positions connues. Elle diffère de la trilatération qui est basée sur la distance entre le robot et les balises. La triangulation géométrique généralisée est le résultat de l'amélioration de la triangulation géométrique classique par João Sena Esteves, Adriano Carvalho et Carlos Couto [80].

En navigant dans un plan, trois balises distinctes -au moins- sont requises pour la localisation du robot (figure III.1). λ_{12} est l'angle orienté vu par le robot entre les balises 1 et 2. Il définit un arc entre les balises 1 et 2 qui représente l'ensemble des positions possibles du robot. Un arc supplémentaire entre les balises 1 et 3 est défini par λ_{13}. Le robot se situera donc au point d'intersection des deux arcs. Généralement, une redondance résultera de l'utilisation de plus de 3 balises. Dans [79], une triangulation à 3 balises est appelée three-object triangulation (triangulation à trois objets).

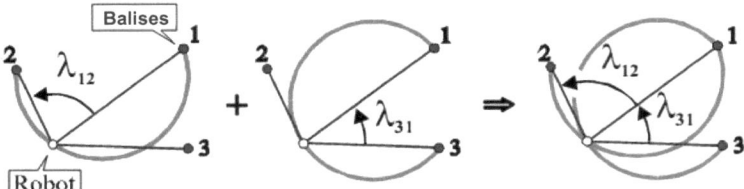

Figure III.1. *La triangulation à trois objets.*

Plusieurs algorithmes de ce type existent : la triangulation géométrique, la recherche itérative, la recherche itérative de Newton-Raphson etc. [79] Quelques restrictions se présentent dans ces méthodes; l'une d'entre elles est le fait que le robot et les balises ne sont pas liés à la même circonférence (figure III.2). Le robot ne peut se localiser dans sa propre circonférence puisque l'intersection des deux arcs est un autre arc et pas un point. Un autre problème intervient quand une balise se trouve entre le robot et une autre balise, dans ce cas, on suppose que seules les balises les plus proches sont visibles. La méthode de triangulation utilisée est l'algorithme de triangulation géométrique généralisé [80], qui est une version améliorée de l'algorithme de triangulation géométrique classique.

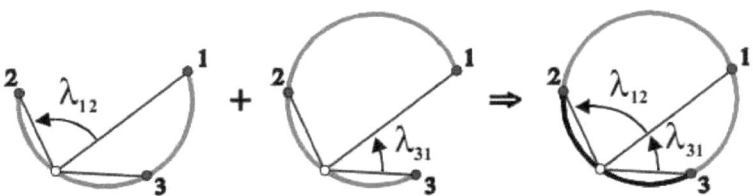

Figure III.2. *La circonférence contient le robot et les balises, le robot est donc mal localisé.*

Chapitre III : Application à la localisation et à la reconnaissance d'environnement

b) *Utilisation des mesures des capteurs à ultrasons*

Comme nous avons pu le constater, cette méthode requiert des points d'observation. Dans notre cas, le robot mobile "ne connaît pas" son environnement. Les seuls points d'observation qui peuvent être utilisés sont les obstacles détectés par la ceinture à ultrasons. Donc les coordonnées des balises, indispensables pour le calcul de la triangulation, seront obtenues grâce aux distances acquises par les capteurs à ultrasons.

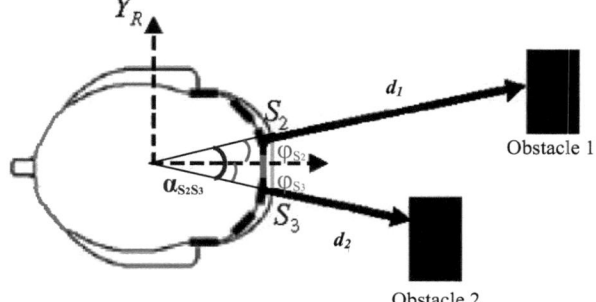

Figure III.3. Position des obstacles par rapport du robot.

Chaque position (x_i, y_i) et angle φ_i de chaque capteur à ultrasons dans le repère du robot est bien connue. La figure III.3 présente la relation entre la position de l'obstacle et le robot. Nous calculons la position de chaque obstacle dans le repère univers :

$$x_{obs} = x_R + \left(x_i^s \cdot \cos\theta_R - y_i^s \cdot \sin\theta_R\right) + d_i \cdot \cos\left(\theta_R + \varphi_i^s\right)$$
$$y_{obs} = y_R + \left(x_i^s \cdot \sin\theta_R - y_i^s \cdot \cos\theta_R\right) + d_i \cdot \sin\left(\theta_R + \varphi_i^s\right)$$

Avec (x_R, y_R, θ_R) la pose du robot et d_i la distance séparant le robot de l'obstacle. D'autre part, les angles séparant les obstacles peuvent être calculés, grâce aux angles définissant l'emplacement des sonars.

c) *L'algorithme*

Nous présentons la TGG (Triangulation Géométrique Généralisée). Celle-ci ne requiert pas un classement des balises et travaille dans tout le plan de navigation sauf dans quelques zones bien déterminées où la localisation est impossible. Ces améliorations sont principalement réalisées par le biais d'une définition minutieuse des angles utilisés par l'algorithme, qui est seulement sujet aux restrictions qui sont communes à tous les algorithmes de triangulation à trois objets.

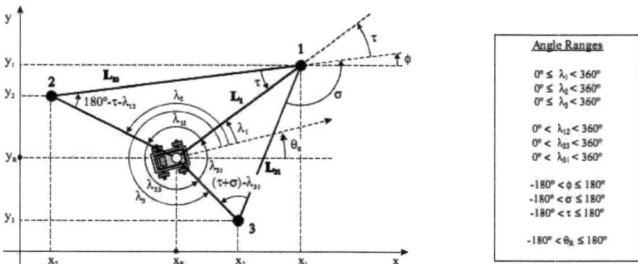

Figure III.4. Triangulation géométrique généralisée.

Chapitre III : Application à la localisation et à la reconnaissance d'environnement

Considérons la figure III.4, trois balises distinctes dans un plan cartésien, marquées de façon aléatoire 1, 2 et 3, avec des positions connues (x1, y1), (x2, y2) et (x3, y3). L_{12} est la distance entre les balises 1 et 2. L_{31} est la distance entre les balises 1 et 3. L_1 est la distance entre le robot et la balise1.

Algorithme de Triangulation Géométrique Généralisée	
1. Si moins de 3 balises visibles sont disponibles alors afficher un message d'avertissement	10. $\gamma = \sigma - \lambda_{31}$
2. $\lambda_{12} = \lambda_2 - \lambda_1$	11. $\tau = \tan^{-1}\left[\dfrac{\sin\lambda_{12} \cdot (L_{12} \cdot \sin\lambda_{31} - L_{31} \cdot \sin\gamma)}{L_{31} \cdot \sin\lambda_{12} \cdot \cos\gamma - L_{12} \cdot \cos\lambda_{12} \cdot \sin\lambda_{31}}\right]$
3. Si $\lambda_1 > \lambda_2$ alors $\lambda_{12} = 360° + (\lambda_2 - \lambda_1)$	
4. $\lambda_{31} = \lambda_1 - \lambda_3$	12. Si $\begin{cases} \lambda_{12} < 180° \\ \tau > 0° \end{cases}$ alors $\tau = \tau + 180°$
5. Si $\lambda_3 > \lambda_1$ alors $\lambda_{31} = 360° + (\lambda_1 - \lambda_3)$	
6. Calcul de L_{12} par les valeurs des positions connues des balises 1 et 2.	13. Si $\begin{cases} \lambda_{12} > 180° \\ \tau > 0° \end{cases}$ alors $\tau = \tau - 180°$
7. Calcul de L_{31} par les valeurs des positions connues des balises 1 et 3.	
8. Soit Φ un angle orienté tel que $-180° < \Phi < 180°$. Défini entre la droite étant l'image positive du semi axe X résultant de la translation associée au vecteur d'origine (0,0) et se terminant à la balise 1 et le segment étant la partie de la droite définie par les balises 1 et 2 trouvant son origine à la balise 1 et ne passant pas la balise 2.	14. Si $|\sin\lambda_{12}| > |\sin\lambda_{31}|$ alors $L_1 = \dfrac{L_{12} \cdot \sin(\tau + \lambda_{12})}{\sin\lambda_{12}}$
	15. sinon $L_1 = \dfrac{L_{31} \cdot \sin(\tau + \sigma - \lambda_{31})}{\sin\lambda_{31}}$
	16. $x_R = x_1 - L_1 \cdot \cos(\phi + \tau)$
	17. $y_R = y_1 - L_1 \cdot \sin(\phi + \tau)$
9. Soit σ un angle orienté tel que $-180° < \sigma < 180°$. Défini entre le segment étant le segment droit joignant les balises 1 et 3 et le segment étant partie de la droite définie par les balises 1 et 2 trouvant son origine à la balise 1 et ne passant pas la balise 2.	18. $\theta_R = \phi + \tau - \lambda_1$
	19. Si $\theta_R \leq -180°$ alors $\theta_R = \theta_R + 360°$
	20. Si $\theta_R > -180°$ alors $\theta_R = \theta_R - 360°$

Figure III.5. Algorithme de Triangulation Géométrique Généralisé.

Afin de déterminer sa position (x_R, y_R) et son orientation θ_R, le robot mesure - dans le sens antihoraire - les angles λ_1, λ_2 et λ_3, qui sont les orientations des balises relativement à la position du robot. Les lignes de l'algorithme 2 à 5 calculent les angles orientés λ_{12} et λ_{31} "vus" par le robot entre les balises 1 et 2 et les balises 3 et 1, respectivement. Les deux angles λ_{12} et λ_{31} sont toujours positifs.

Selon la valeur de λ_{12} il est possible de diviser le plan en deux zones (figure III.6). La même chose est valable pour λ_{31}, et ceci donne les divisions de plans montrées dans la figure III.6. En appliquant la loi des Sinus aux triangles formés par le robot et les balises dans chaque zone du plan, on obtient les expressions suivantes (pour la zone I, $0° < \sigma < 180°$ (figure III.6)).

$$\text{Zone I : } \begin{cases} \dfrac{L_{31}}{\sin\lambda_{31}} = \dfrac{L_1}{\sin(\tau + \sigma - \lambda_{31})} \\ \dfrac{L_{12}}{\sin\lambda_{12}} = \dfrac{L_1}{\sin(180° - \tau - \lambda_{12})} \end{cases} \quad (1)$$

$$\text{Zone II : } \begin{cases} \dfrac{L_{31}}{\sin\lambda_{31}} = \dfrac{L_1}{\sin(\tau + \sigma - \lambda_{31})} \\ \dfrac{L_{12}}{\sin(360° - \lambda_{12})} = \dfrac{L_1}{\sin(-180° + \tau + \lambda_{12})} \end{cases} \quad (2)$$

Chapitre III : Application à la localisation et à la reconnaissance d'environnement

Zone III :
$$\begin{cases} \dfrac{L_{31}}{\sin(360°-\lambda_{31})} = \dfrac{L_1}{\sin(\lambda_{31}-\tau-\sigma)} \\ \dfrac{L_{12}}{\sin\lambda_{12}} = \dfrac{L_1}{\sin(180°-\tau-\lambda_{12})} \end{cases} \quad (3)$$

Zone IV :
$$\begin{cases} \dfrac{L_{31}}{\sin(360°-\lambda_{31})} = \dfrac{L_1}{\sin(\lambda_{31}-(\tau+\sigma)-360°)} \\ \dfrac{L_{12}}{\sin(360°-\lambda_{12})} = \dfrac{L_1}{\sin(-180°+\tau+\lambda_{12})} \end{cases} \quad (4)$$

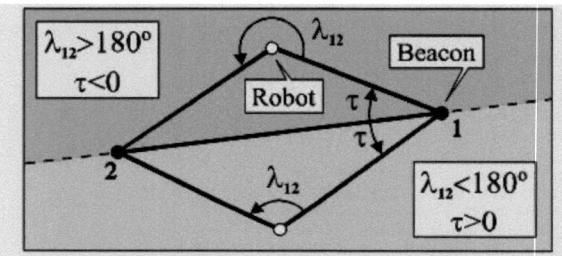

Figure III.6. Division du plan selon λ_{12}.[80]

III.2.3 Localisation par la fusion en utilisant le filtre de Kalman étendu :

a) *Présentation du filtre de Kalman étendu*

L'algorithme de localisation sera implémentée en utilisant des données acquises des capteurs embarqués sur notre plateforme de recherche le robot Pioneer II. Celui-ci est non holonome et par conséquent le modèle du système est non linéaire, de ce fait un filtre de Kalman étendu [81] sera le plus adéquat.

Dans notre cas le modèle de mesure est linéaire, donc la linéarisation ne portera que sur l'équation du modèle d'évolution (modèle du système). Dans ce qui suit, on présentera la formulation des différents modèles nécessaires pour le calcul du gain de Kalman, ainsi que les résultats de la prédiction [82-84].

♦ *Le modèle d'évolution*

L'odométrie est une technique de localisation qui permet de déterminer la position du robot par rapport au repère local en intégrant des translations et rotations élémentaires. On appelle "odomètre" un dispositif qui permet de mesurer grâce à des rotations de roues, ses translations et rotations élémentaires. Il existe différentes techniques pour les mesurer et différents algorithmes pour les intégrer.

Dans notre cas, le robot mobile Pioneer II fournit directement une position (x_R, y_R, θ_R) pour chaque échantillon, cette donnée sera utilisée par la suite pour exprimer la rotation élémentaire $\delta\theta$ et la translation élémentaire δd du robot (figure III.7).

Pour un déplacement entre deux instants d'échantillonnages k-1 et k, auxquels correspondent respectivement les mesures odométriques $(x_{Rk-1}, y_{Rk-1}, \theta_{Rk-1})$ et $(x_{Rk}, y_{Rk}, \theta_{Rk})$ on a :

La translation élémentaire du robot Pioneer II est :
$$\delta d = \sqrt{(x_{Rk} - x_{Rk-1})^2 + (y_{Rk} - y_{Rk-1})^2}$$

Le déplacement angulaire du robot est :
$$\delta\theta = \theta_{Rk} - \theta_{Rk-1}$$

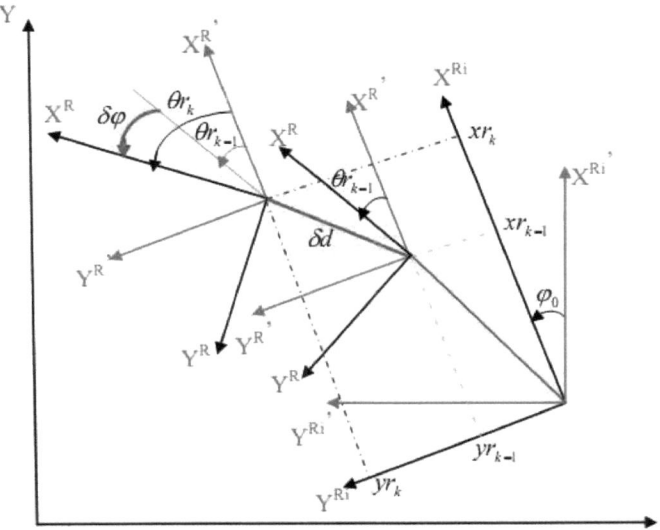

Figure III.7 : Position du robot dans le repère univers $\mathcal{R}_u$ en fonction des données odométriques.

On cherche à exprimer de manière récurrente la position du robot (x_{Rk}, y_{Rk}, θ_{Rk}) à l'instant "k" en fonction de la position (xr_{k-1}, yr_{k-1}, θr_{k-1}) à l'instant "k-1" et des déplacements élémentaires mesurés.

Plusieurs approches existent, nous présenterons une d'entre elles [85]. Cette approche consiste à émettre des hypothèses sur le déplacement. Ce faisant, des relations géométriques permettront de déterminer le déplacement élémentaire du robot correspondant aux distances parcourues par chacune des roues. Les formules les plus simples sont obtenues en supposant que le robot se déplace en ligne droite suivant la direction donnée par " θ_{Rk-1} " sur une longueur " δd ", puis effectue une rotation sur place de " θ_{Rk} ". Nous obtiendrons les équations suivantes :

$$\begin{cases} x_k = x_{k-1} - \delta d \cdot \sin(\theta_{k-1} + \delta\varphi/2) \\ y_k = y_{k-1} + \delta d \cdot \sin(\theta_{k-1} + \delta\varphi/2) \\ \theta_k = \theta_{k-1} + \delta\varphi \end{cases}$$

En tenant compte principalement des contraintes odométriques, on introduit dans nos équations le bruit du modèle d'évolution (normally distributed noise) W = (0 ; Q) c.à.d sa moyenne est nulle et sa variance est Q.

Chapitre III : Application à la localisation et à la reconnaissance d'environnement

$$\begin{cases} x_k = x_{k-1} - \delta d \cdot \sin(\theta_{k-1} + \delta\varphi/2) + W_x \\ y_k = y_{k-1} + \delta d \cdot \cos(\theta_{k-1} + \delta\varphi/2) + W_y \\ \theta_k = \theta_{k-1} + \delta\varphi + W_\theta \end{cases}$$

Enfin pour faire apparaître les mesures odométriques, on remplace δd et $\delta\theta$ par leurs expressions, le modèle devient alors :

$$\begin{cases} x_k = x_{k-1} - \sqrt{(x_{Rk} - x_{Rk-1})^2 + (y_{Rk} - y_{Rk-1})^2} \cdot \sin(\theta_{k-1} + (\theta_{Rk} - \theta_{Rk-1})/2) + W_x \\ y_k = y_{k-1} + \sqrt{(x_{Rk} - x_{Rk-1})^2 + (y_{Rk} - y_{Rk-1})^2} \cdot \cos(\theta_{k-1} + (\theta_{Rk} - \theta_{Rk-1})/2) + W_y \\ \theta_k = \theta_{k-1} + (\theta_{Rk} - \theta_{Rk-1}) + W_\theta \end{cases}$$

Par analogie, ce système peut avoir une forme matricielle qui est la suivante :

$$\begin{bmatrix} x_k \\ y_k \\ \theta_k \end{bmatrix} = \begin{bmatrix} x_{k-1} \\ y_{k-1} \\ \theta_{k-1} \end{bmatrix} + \begin{bmatrix} -\sqrt{(x_{Rk} - x_{Rk-1})^2 + (y_{Rk} - y_{Rk-1})^2} \cdot \sin(\theta_{k-1} + (\theta_{Rk} - \theta_{Rk-1})/2) \\ \sqrt{(x_{Rk} - x_{Rk-1})^2 + (y_{Rk} - y_{Rk-1})^2} \cdot \cos(\theta_{k-1} + (\theta_{Rk} - \theta_{Rk-1})/2) \\ (\theta_{Rk} - \theta_{Rk-1}) \end{bmatrix} + \begin{bmatrix} W_x \\ W_y \\ W_\theta \end{bmatrix}$$

On note $X_k = [x_k \ y_k \ \theta_k]^t$ la posture du robot (vecteur d'état), et $U_k = (x_{Rk}, y_{Rk}, \theta_{Rk})$ le vecteur obtenu à partir des encodeurs pour une période d'échantillonnage entre l'état k-1 et k. Finalement le système précédent peut se mettre sous la forme vectorielle :

$$X_k = f(X_{k-1}, U_k, W)$$

La fonction vectoriel f est définie de $R^3 \times R^2 \rightarrow R^3$.

En se référant au fait que le robot mobile Pioneer II est non holonome, le modèle du système est dans ce cas non linéaire c'est-à-dire que la fonction f est non linéaire et dérivable, ainsi nous pouvons donc linéariser le système en calculant le jacobien, tel que :

$$A = \nabla f_{X_k} = \frac{\delta X_k}{\delta X_{k-1}}$$

$$A = \begin{bmatrix} \nabla f_{11} & \nabla f_{12} & \nabla f_{13} \\ \nabla f_{21} & \nabla f_{22} & \nabla f_{23} \\ \nabla f_{31} & \nabla f_{32} & \nabla f_{33} \end{bmatrix} = \begin{bmatrix} \frac{\delta x_k}{\delta x_{k-1}} & \frac{\delta x_k}{\delta y_{k-1}} & \frac{\delta x_k}{\delta \theta_{k-1}} \\ \frac{\delta y_k}{\delta x_{k-1}} & \frac{\delta y_k}{\delta y_{k-1}} & \frac{\delta y_k}{\delta \theta_{k-1}} \\ \frac{\delta \theta_k}{\delta x_{k-1}} & \frac{\delta \theta_k}{\delta y_{k-1}} & \frac{\delta \theta_k}{\delta \theta_{k-1}} \end{bmatrix}$$

Donc nous obtiendrons le résultat suivant :

$$A = \begin{bmatrix} 1 & 0 & -\delta d \cdot \cos(\theta_{k-1} + \delta\varphi/2) \\ 0 & 1 & -\delta d \cdot \sin(\theta_{k-1} + \delta\varphi/2) \\ 0 & 0 & 1 \end{bmatrix}$$

Et en intégrant les mesures odométriques, on aura :

$$A = \begin{bmatrix} 1 & 0 & -\sqrt{(x_{Rk}-x_{Rk-1})^2+(y_{Rk}-y_{Rk-1})^2} \cdot \cos(\theta_{k-1}+\delta\varphi/2) \\ 0 & 1 & -\sqrt{(x_{Rk}-x_{Rk-1})^2+(y_{Rk}-y_{Rk-1})^2} \cdot \sin(\theta_{k-1}+\delta\varphi/2) \\ 0 & 0 & 1 \end{bmatrix}$$

♦ *Le modèle de mesure*

La mesure est une position (x, y, θ) du robot dans l'environnement, elle est exprimée en fonction du vecteur d'état X_k. Ce dernier est une position (x_k, y_k, θ_k) avec un bruit $V = (0 ; R)$ additif. Ce lien se traduit par l'équation suivante :

$$m_k = h(X_k, V)$$

Selon le fait que le bruit a une moyenne nulle, l'équation devient :

$$m_k = h(X_k, 0)$$

Cette même relation pourra prendre la forme matricielle :

$$\begin{bmatrix} x_k \\ y_k \\ \theta_k \end{bmatrix} = \begin{bmatrix} 1 & 0 & 0 \\ 0 & 1 & 0 \\ 0 & 0 & 1 \end{bmatrix} \cdot \begin{bmatrix} x_k \\ y_k \\ \theta_k \end{bmatrix}$$

Donc la matrice H a pour valeur :

$$H = \begin{bmatrix} 1 & 0 & 0 \\ 0 & 1 & 0 \\ 0 & 0 & 1 \end{bmatrix}$$

On distingue clairement des deux équations précédentes de mesure, que la fonction de mesure h est linéaire, c'est pourquoi on n'aura pas à calculer le jacobien de la matrice H, donc dans ce cas la mesure prend la forme :

$$m_k = H \cdot X_k$$

Cette mesure m_k représente la position du robot calculée au moyen du télémètre à ultrasons embarqué sur le robot Pioneer II, par conséquent elle sera fournie par l'algorithme de triangulation.

♦ *Le modèle d'incertitude*

Le modèle d'incertitude représente les bruits qui excitent le système. En général, nous ne possédons pas de connaissance à priori des corrélations des différentes sources d'erreurs, et chacune des matrices de covariance du bruit du processus Q et de covariance de l'erreur de mesure R sont supposées diagonales. Ces valeurs sont déterminées expérimentalement. Q et R sont exprimés comme suit :

$$Q = \begin{bmatrix} \sigma_{Qx} & \sigma_{Qy} & \sigma_{Q\theta} \end{bmatrix}, \qquad R = \begin{bmatrix} \sigma_{Rx} & \sigma_{Ry} & \sigma_{R\theta} \end{bmatrix}$$

b) *Localisation par fusion de données (le filtre de Kalman)*

Dans la section précédente, nous avons défini les différents paramètres du filtre de Kalman. La procédure de localisation peut être expliquée et ceci d'une manière plus aisée. Le cycle de localisation est présenté dans l'organigramme de la figure III.8.

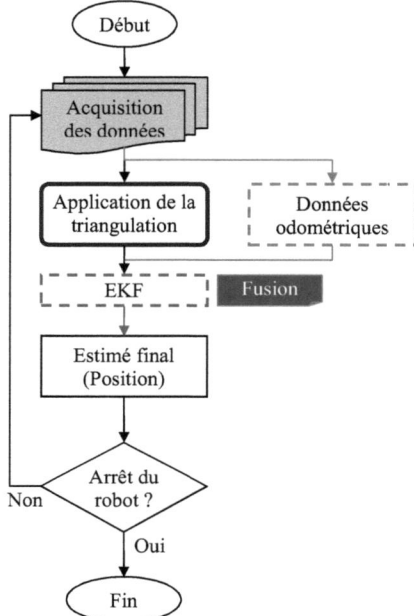

Figure III.8. Algorithme de localisation par fusion de données.

Nous présenterons dans ce qui suit la prédiction et l'estimation qui sont les étapes les plus importantes du filtre de Kalman.

♦ *<u>Prédiction de la position du robot</u>*

Elle consiste à calculer la position et l'orientation estimée du robot à l'état k, connaissant sa position et orientation à l'état k-1, ainsi que les données lues à partir des encodeurs du robot. La position estimée à l'état k peut être écrite telle que :

$$X_k^- = f(X_{k-1}, U, 0)$$

Sachant que selon nos suppositions la moyenne du bruit blanc gaussien est nulle. Donc :

$$\begin{bmatrix} x_k^- \\ y_k^- \\ \theta_k^- \end{bmatrix} = \begin{bmatrix} x_{k-1} \\ y_{k-1} \\ \theta_{k-1} \end{bmatrix} + \begin{bmatrix} -\sqrt{(x_{Rk} - x_{Rk-1})^2 + (y_{Rk} - y_{Rk-1})^2} \cdot \sin(\theta_{k-1} + (\theta_{Rk} - \theta_{Rk-1})/2) \\ \sqrt{(x_{Rk} - x_{Rk-1})^2 + (y_{Rk} - y_{Rk-1})^2} \cdot \cos(\theta_{k-1} + (\theta_{Rk} - \theta_{Rk-1})/2) \\ (\theta_{Rk} - \theta_{Rk-1}) \end{bmatrix}$$

Sa covariance sera aussi utile, et sa valeur est définie par l'équation :

$$P_k^- = A P_{k-1} A^T + Q$$

Durant l'état initial, la position initiale X_0 est connue, tandis que sa covariance P_0 est estimée de quelques centimètres pour la position et quelques degrés pour l'orientation. En pratique, la valeur de P_0 est choisie assez grande pour englober toutes les erreurs possibles, du moment que la valeur de la covariance P diminue avec la convergence du filtre.

Chapitre III : Application à la localisation et à la reconnaissance d'environnement

♦ *La mesure*

La mesure est déterminée à partir des données recueillies par les capteurs à ultrasons qui permettront de calculer d'une part les positions des points repères dans l'environnement et d'autre part dans l'algorithme de triangulation afin de déterminer la position du robot.

♦ *Estimation finale de la position*

Finalement, pour calculer l'estimé final de la position du robot X_k, on utilise le gain de Kalman défini comme suit :
$$K_k = P_k^- H^T \left(H P_k^- H^T + R \right)^{-1}$$
La position estimée finale devient :
$$X_k = X_k^- + K_k \left(m_k - H X_k^- \right)$$

On distingue clairement que cette expression combine entre les résultats incertains de la mesure m_k et les résultats également incertains de la prédiction de X_k, où $\left(m_k - H X_k^- \right)$ est l'innovation (résidu).

Il est aussi important de calculer la covariance de l'état estimé final, qui va être utilisé dans le prochain cycle de localisation.
$$P_k = P_k^- + K_k H P_k^-$$

L'état estimé X_k et sa covariance P_k doivent converger vers un résultat meilleur en évoluant d'un cycle à l'autre.

Des cas ne permettant pas de calculer le gain de Kalman peuvent être rencontrés. Ceci est dû au fait que la matrice inverse $\left(H P_k^- H^T + R \right)^{-1}$ dans l'équation du gain n'existe pas (son déterminant est nul), dans ce cas, on utilise alors la dernière prédiction de X_k c'est-à-dire que l'estimé finale X_k est égale à X_k^-. Il y a aussi, un autre problème qui pourrait survenir lorsque les erreurs δd ou $\delta \varphi$ sont nulles, dans ce cas le calcul de l'état estimé de X_k ne pourra pas se faire et l'estimé final sera égal à la position lue par les odomètres.

III.3 *La reconnaissance de lieux*

Le but de cette partie est la reconnaissance de lieux spécifiques dans un environnement intérieur (portes, coin, etc.). L'hétérogéinité des données nécessite un traitement des données de chaque capteur pour enfin aboutir à une classification finale. Cela permettra aussi de voir si la fusion de données apporte des améliorations.

Des expériences de navigation réelles ont été effectuées à l'aide du robot Pionner II. Des situations bien définies ont été mises en place pour la récolte des données nécessaires pour notre simulation. Le robot se déplace dans son environnement à une vitesse de translation constante de 50mm/s et une vitesse de rotation nulle. Les données des capteurs (ultrasonores et camera) sont récoltées simultanément à une fréquence d'une donnée toutes les 5 secondes (annexe a).

Dans cette section, nous présenterons d'une part le traitement individuel des capteurs mais aussi les détails du processus de fusion effectué [86].

Chapitre III : Application à la localisation et à la reconnaissance d'environnement

III.3.1 Traitements des données

Le processus de fusion de données issues des capteurs nécessite d'extraire les informations utiles. Pour chaque capteur nous procéderons donc à une première classification puis nous fusionnerons les deux résultats comme l'illustre la figure III.9.

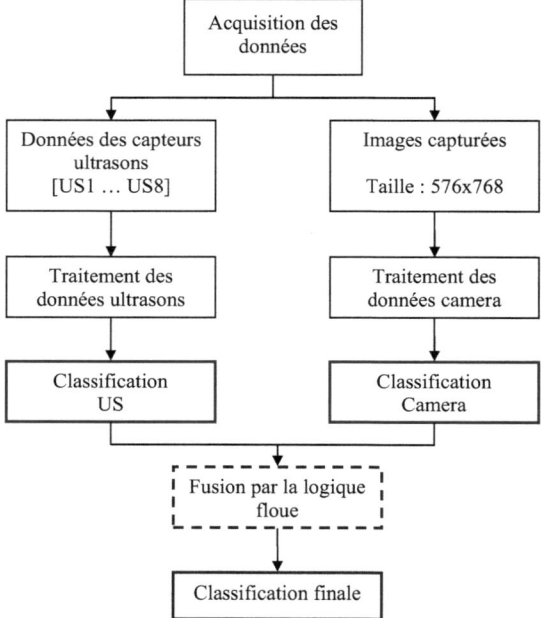

Figure III.9. Étapes suivies pour la fusion de données.

III.3.2 Classification par les capteurs à ultrasons

Les données acquises des capteurs à ultrasons sont des vecteurs de 8 distances correspondant à la distance de chacun des capteurs à ultrasons avec l'obstacle. Leur portée a été limitée à 2 mètres afin de réduire les erreurs. Pour une utilisation plus aisée des informations et réduire la quantité d'informations inutiles, une fusion sera effectuée.

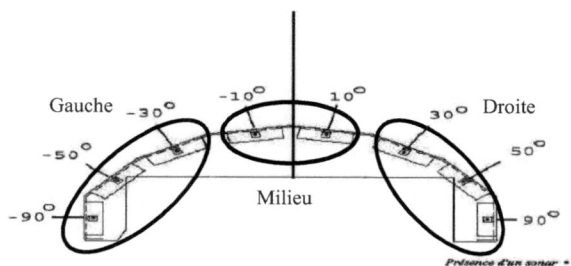

Figure III.10. Disposition et regroupements des sonars.

Chapitre III : Application à la localisation et à la reconnaissance d'environnement

Dans un premier temps, nous regroupons les sonars en 3 sous-groupes suivant leurs positionnement sur le robot donc 3 à gauche, 2 au milieu et 3 à droite comme l'illustre la figure III.10.

Définition des classes

La classification se fera selon les états de chaque groupe. A partir du tableau III.1, nous pouvons extraire quatre classes : le couloir, le coin gauche, le coin droit et le cul de sac. La détection correspond à 1.

Attributs Classes	Partie gauche	Partie frontale	Partie droite
Espace libre	0	0	0
Obstacle à droite	0	0	1
Obstacle frontal	0	1	0
Coin à droite	0	1	1
Obstacle à gauche	1	0	0
Couloir	1	0	1
Coin à gauche	1	1	0
Cul de sac	1	1	1

Tableau III.1. Les différentes classes définies.

➤ *Le coin à droite*

Une détection devra se faire par la partie droite et la partie frontale sans aucune détection par la partie gauche.

➤ *Le coin à gauche*

Une détection devra se faire par la partie gauche et la partie frontale sans aucune détection par la partie droite.

➤ *Le couloir*

Une détection devra se faire par la partie gauche et la partie droite sans aucune détection par la partie frontale.

➤ *Le cul de sac*

Une détection par les trois parties (frontale, gauche et droite) assurera la présence d'un cul de sac mais aussi d'un couloir, d'un coin à gauche et d'un coin à droite.

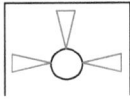
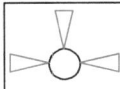
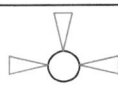
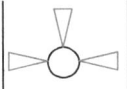

Cul de sac   Coin gauche   Coin droit   Couloir

Figure III.11. Description géométrique des classes.

Chapitre III : Application à la localisation et à la reconnaissance d'environnement

La logique booléenne, fondement de l'informatique classique, repose sur deux valeurs, le zéro et le un. Toute proposition ainsi traitée est alors considérée vraie ou fausse. Or, dans la réalité, rares sont les catégories supportant une telle classification en tout ou rien.

Une telle catégorisation par le biais de sous-ensembles classiques montre immédiatement la non adéquation de ce type d'objets mathématiques pour la description de notions humaines subjectives. En effet, les connaissances dont on dispose sur un système quelconque sont généralement incertaines ou vagues, soit on a un doute de leur validité ou bien on a une difficulté à les exprimer. Les bases théoriques de la logique floue ont été établies en 1965 par le professeur Lotfi Zadeh [87].

La logique floue est une technique pour le traitement mathématique de connaissances imprécises et incertaines qui permet de prendre en considération des variables linguistiques dont les valeurs sont des mots ou des expressions du langage humain telles que faible, élevé, lent, moyen, rapide...et de traduire l'appartenance à un de ces ensembles.

Elle suscite actuellement un intérêt général auprès des chercheurs et des industriels, mais plus généralement auprès de ceux qui éprouvent le besoin de formaliser des méthodes empiriques, de généraliser des modes de raisonnement naturel, d'automatiser la prise de décision et de construire des systèmes artificiels effectuant des tâches habituellement prises en charges par les humains.

Le premier domaine d'application de la logique floue fut naturellement le contrôle des processus, mais on la retrouve également dans d'autres domaines comme la modélisation, la reconnaissance de formes, la gestion de base de données, l'ordonnancement ou les systèmes experts.

Nous procéderons donc à la réalisation d'un système d'inférence floue (Fuzzy Inference System, FIS). Un système d'inférence floue doit être défini, d'une part, par des caractéristiques structurelles et d'autre part par des caractéristiques paramétriques [88].

♦ Caractéristiques structurelles :

Elles spécifient tous les éléments du SIF qui influent sur sa structure. Ces éléments sont constitués par:
1. Définition des variables d'entrée et sortie
2. Le type de fonction d'appartenance utilisé (triangle, trapèze, sigmoïde...etc.) pour chaque terme linguistique.
3. Le nombre de termes linguistiques pour chaque variable.
4. Le nombre optimal de règles.
5. Les variables participant à ces règles
6. Les opérateurs de conjonction, de disjonction et d'implication...etc.

♦ Caractéristiques paramétriques :

Une fois la structure du SIF choisie, le problème est alors le placement optimal des fonctions d'appartenance d'entrées et de sorties ou des singletons de sorties. Les caractéristiques paramétriques se situent au plus bas niveau de spécification d'un SIF. Elles représentent en fait l'aspect purement numérique du système flou et définissent les sous-ensembles qui le constituent :

Chapitre III : Application à la localisation et à la reconnaissance d'environnement

1. Les paramètres des fonctions d'appartenance des variables d'entrée (point modal, base, écart type...).
2. Les paramètres des fonctions d'appartenance des variables de sortie, ou les paramètres de la fonction pour les SIF de type Takagi-Sugeno. [89]

Le contrôleur flou développé est de type Mamdani. Celui-ci permet une description linguistique du système par une base de règles floues pour modéliser les relations Entrée/sortie. Il utilise l'opérateur minimum pour la conjonction et l'implication et le maximum pour l'agrégation des règles floues [89]. Il utilise la méthode *Min-Max* de Zadeh pour la fuzzification et l'agrégation des règles, alors que la méthode de *centre de* gravité assure la Défuzzification.

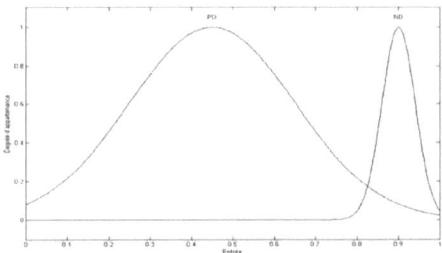

Figure III.12. Fonction d'appartenance des entrées.

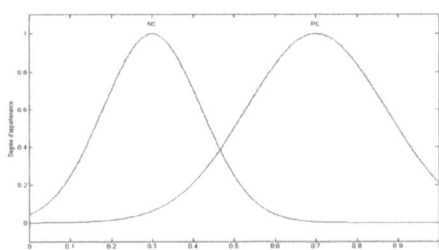

Figure III.13. Fonction d'appartenance des sorties.

Les fonctions d'appartenance des entrées et des sorties sont données par les figures III.12 et III.13. Nous présentons les différentes étapes dans la figure III.14.

Chapitre III : Application à la localisation et à la reconnaissance d'environnement

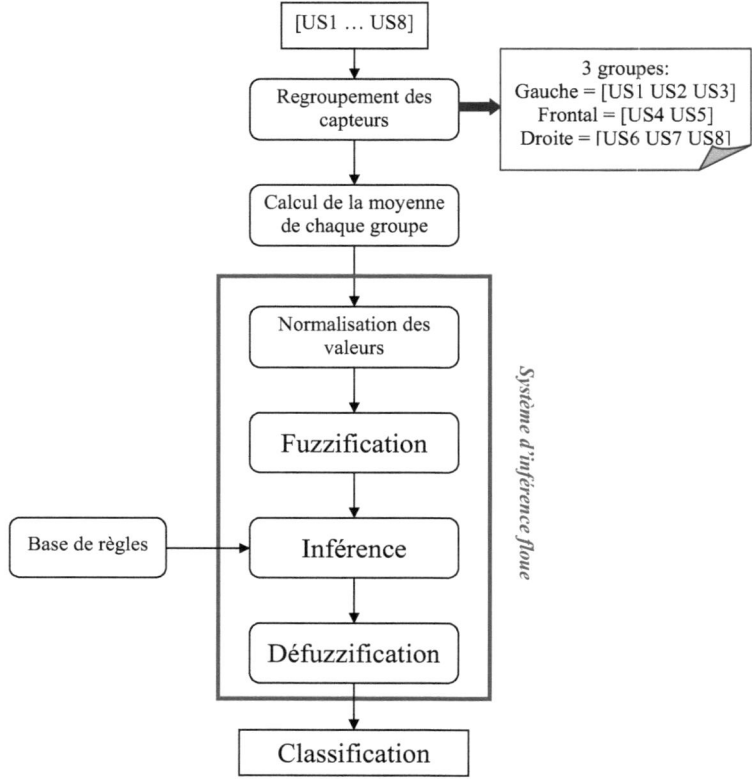

Figure III.14. Diagramme résumant la classification par sonars.

III.3.3 Classification par les données images

A travers le passé, les chercheurs ont essayé divers capteurs afin de résoudre le problème de reconnaissance de lieux. Lors du déplacement du robot, une navigation réussie dépend directement de la bonne reconnaissance de son environnement. La vision a été reconnue comme étant la plus utile et la plus lucrative du fait de sa richesse d'information et de la passivité du capteur.

Plusieurs techniques peuvent être utilisées pour modéliser les informations concernant l'environnement. Généralement, les étapes typiques utilisées sont :

- ☞ ***La segmentation d'image*** (exemple : région, contours, caractéristiques d'intensité).
- ☞ ***Extraction et sélection des caractéristiques*** (exemple : lignes, coin, forme).
- ☞ ***Reconnaissance du modèle*** (exemple : objets, couloir, vestibule).

Chapitre III : Application à la localisation et à la reconnaissance d'environnement

La première étape inclue généralement des techniques de traitement d'images bas niveau. Des opérations sur les pixels (opérateur de seuillage et histogramme), des analyses morphologiques (amincissement et squelettisation) et des filtrages digitaux (réduction du bruit et d'autres filtrage de rehaussement) sont parfois utilisés dans cette phase.

Après la création ou la simplification de l'image, l'étape suivante consiste dans le fait de trouver les caractéristiques dans l'image nécessaire à l'identification des informations utiles. Les détecteurs de caractéristiques (détecteurs de contours et autres) sont le plus souvent utilisés pour extraire les échantillons intéressants dans l'image, et les caractéristiques se transforment parfois en d'autres plans (Fourrier, Hough et d'autres transformées) et sont exclusivement sélectionnées. Afin d'identifier les entités les plus significatives dans l'image d'entrée, des connaissances de base doivent être apportées afin de définir les formes qui nous intéressent.

La troisième étape inclue des techniques permettant de classer les caractéristiques extraites. Dans la plupart des cas, ces systèmes sont précis et adaptatifs pour les environnements inconnus, mais requièrent un nombre assez élevé de connaissances a priori et de paramètres affinés.

Dans notre cas, le traitement des images se fait selon deux phases de traitement d'images. Le traitement d'image basique de niveau bas inclue les tâches spécifiées dans la première étape : la segmentation d'images.

Une image de résolution 576 x 768 est acquise de la caméra. L'image est alors convertie en niveau de gris pour une facilité du traitement. Un détecteur de Sobel lui est appliquée, les couleurs de niveau de gris sont réduites au noir et blanc en utilisant une opération de seuillage sur le gradient de l'image afin de supprimer les détails inutiles, ce qui nous mènera à une image binaire avant d'appliquer l'opérateur d'amincissement, cette étape doit être appliquée pour réduire la largeur des lignes à plusieurs pixels en lignes à largeur d'un pixel puis certains bruits seront éliminés. Les seuillages sont déterminés expérimentalement.

Les contours obtenus seront traités par la transformée de Hough. Celle-ci permettra de sélectionner les contours les plus utiles à l'identification des classes. Grâce à une connaissance prédéfinie des classes, nous pourrons extraire et utiliser les droites identifiant les formes de lieux donnés. Le traitement est illustré par l'organigramme de la figure III.15.

Chapitre III : Application à la localisation et à la reconnaissance d'environnement

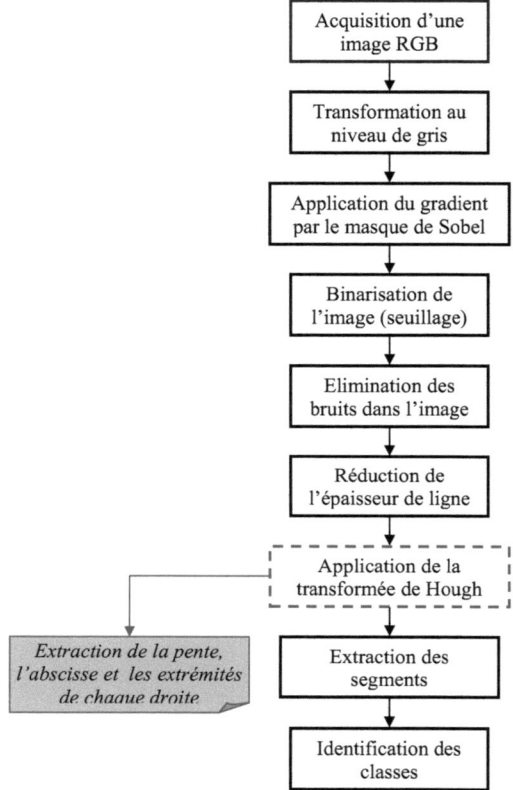

Figure III.15. Organigramme résumant les étapes de traitement des images pour la classification.

Définition des classes par les primitives droites

La classification sera faite selon les définitions géométriques des lieux, elles sont présentées par la figure III.16. Nous détaillerons dans ce qui suit les caractéristiques géométriques de chaque classe.

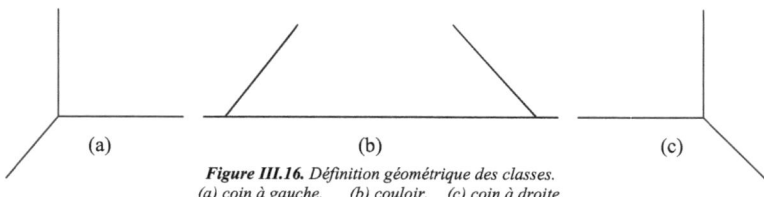

Figure III.16. Définition géométrique des classes.
(a) coin à gauche, (b) couloir, (c) coin à droite.

Chapitre III : Application à la localisation et à la reconnaissance d'environnement

Nous avons choisi les primitives droites afin de déterminer les caractéristiques choisies qui seront d'une part les points d'intersection des droites et d'autre part les angles entre ces mêmes droites. Si un point de l'image a une position X > 384 pixels et Y > 200 pixels, celui-ci est défini comme appartenant à la partie droite de l'image. S'il a une position X < 384 pixels et Y > 200 pixels, il sera alors défini comme appartenant à la partie gauche de l'image.

> *Le couloir*

Le couloir est défini par l'intersection de deux droites avec la droite horizontale inférieure de l'image. Ces deux droites doivent avoir un angle compris entre 20° et 80° pour celle qui est dans la partie gauche de l'image et un angle compris entre -80° et -20° pour la deuxième droite qui doit être dans la partie droite de l'image. La figure III.17 illustre aussi l'emplacement des intersections.

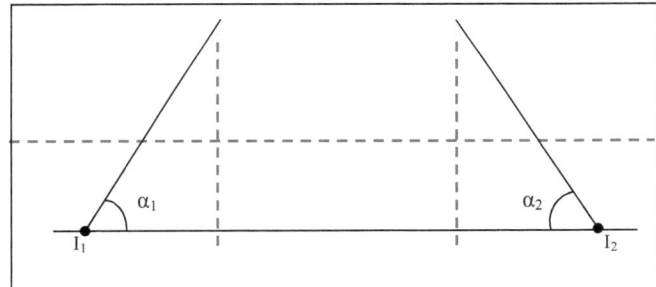

Figure III.17. Définition d'un couloir.

> *Le coin à droite*

Le coin à droite est défini par deux intersections (figure III.18). L'intersection entre la droite verticale (S_1) et la droite horizontale (S_2) donnera I_3, ces deux droites doivent avoir un angle compris entre 85° et 95° et la droite horizontale doit se positionner à gauche de la verticale. La troisième droite (S_3) définissant le coin doit avoir un angle compris entre 20° et 75° avec l'horizontale et se positionner à droite de cette dernière et donnera un point d'intersection I_4.

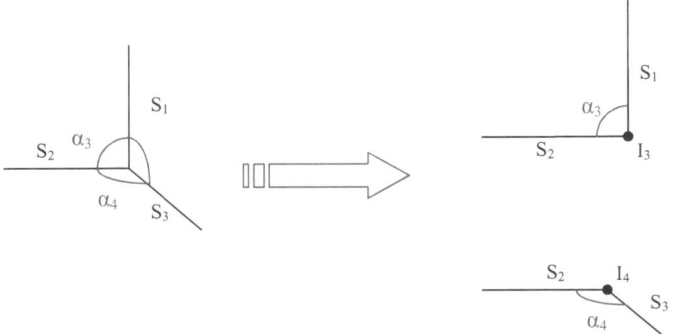

Figure III.18. Définition des caractéristiques du coin à droite.

Le point d'intersection I_3 doit se trouver dans la partie droite de l'image. La distance entre les points d'intersection I_3 et I_4 doit être inférieur à un certain seuil déterminé

Chapitre III : Application à la localisation et à la reconnaissance d'environnement

expérimentalement. Ces caractéristiques conduiront à la conclusion d'une détection d'un coin droit.

> *Le coin à gauche*

Le coin à gauche est défini par deux intersections (figure III.19). L'intersection entre la droite verticale (S_4) et la droite horizontale (S_5) donnera I_5, ces deux droites doivent avoir un angle compris entre 85° et 95° et la droite horizontale doit se positionner à droite de la verticale. La troisième droite (S_6) définissant le coin doit avoir un angle compris entre 20° et 75° avec l'horizontale et se positionner à gauche de cette dernière et donnera un point d'intersection I_6.

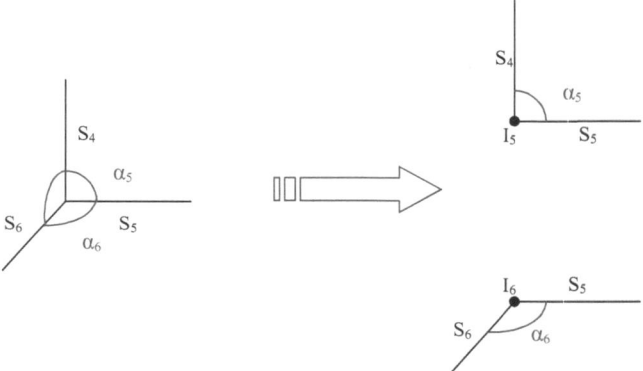

Figure III.19. *Définition des caractéristiques du coin à gauche.*

Le point d'intersection I_5 doit se trouver dans la partie gauche de l'image. La distance entre le point d'intersection I_5 et I_6 doit être inférieur à un certain seuil déterminé expérimentalement. Ces caractéristiques conduiront à la conclusion d'une détection d'un coin gauche.

Comme nous pouvons le remarquer, chaque classe peut être définie par l'intersection de droites et des valeurs d'angles. Dans le tableau suivant, nous présentons les différentes valeurs prises en considération pour leur détermination.

Caractéristiques Classes	Angles	Intersection
Couloir	Angle 1 : 20° et 80° Angle 2 : -80° et -20°	Deux intersections avec l'horizontal (I_1, I_2)
Coin à droite	Angle 3 : 85° et 95° Angle 4 : 20°et 75°	Deux intersections (I_3, I_4)
Coin à gauche	Angle 5 : 85° et 95° Angle 6 : 20° et 75°	Deux intersections (I_5, I_6)

Tableau III.2. *Résumé des caractéristiques géométriques des classes.*

III.3.4 Fusion de données pour la reconnaissance d'environnement

Nous avons remarqué lors des sections précédentes que le filtre de Kalman est la méthode de fusion de données la plus utilisée mais elle ne peut être utilisée dans tous les cas. En

Chapitre III : Application à la localisation et à la reconnaissance d'environnement

reprenant la définition du filtrage de Kalman, nous constatons qu'il demande une définition des modèles du système et de mesure.

Dans notre cas, l'environnement représente le système, celui-ci est soit difficile, soit impossible à modéliser. Ceci nous a mené à choisir une autre méthode de fusion de données. Notre choix s'est porté sur *la logique floue*. Cette dernière permet de représenter une mesure avec son incertitude directement par un processus d'inférence en posant chaque proposition à laquelle on attribue une valeur allant de 0 à 1.

L'approche de la logique floue est considérée comme utile dans la fusion de données pour plusieurs raisons, les plus importantes sont [71]:
1. elle fournit plusieurs informations subjectives.
2. elle ne nécessite aucun modèle mathématique du capteur ou de l'environnement.
3. elle est opérationnelle même dans les situations dynamiques.

Pour notre application, la logique floue permettra de fusionner des données hétérogènes grâce à un processus d'inférence, ces données sont le résultat des prétraitements détaillés précédemment. Un système d'inférence floue (SIF) de type Mamdani permettra cette fusion afin de générer une classification finale des 4 lieux choisis. Nous détaillons dans ce qui suit les étapes de conception de ce système :

Etape 1 : définition des variables linguistiques pour les entrées et les sorties

1. Les entrées :

Nous avons à l'entrée 7 variables. Ces variables sont divisées en deux groupes :

capteurs	Capteurs à ultrasons				Caméra		
Entrée	Couloir	Coin droit	Coin gauche	Cul de sac	Couloir	Coin droit	Coin gauche

- *1er groupe :* il représente le résultat de la classification effectuée par les capteurs ultrasons, il se compose des 4 premières valeurs du vecteurs d'entrée représentant les classes *couloir, coin droit, coin gauche et cul de sac* respectivement.

Entrée	Couloir (CoulS*)	Coin droit (CoindS)	Coin gauche (CoingS)	Cul de sac (CdsS)
Négative	NCS	NCdS	NCgS	NCdsS
Positive	CS	CoindS	CoingS	CdsS
Positive grand	PCoulS	PCoindS	PCoingS	PCsS

Tableau III.4. Notations des entrées de la classification des sonars.

* CoulS : Couloir Sonar

- *2ème groupe :* il représente le résultat de la classification effectuée grâce à la caméra, il se compose des 3 dernières valeurs du vecteur d'entrée représentant les classes *couloir, coin droit, coin gauche* respectivement.

Chapitre III : Application à la localisation et à la reconnaissance d'environnement

Entrée	Couloir (CoulI*)	Coin droit (CoindI)	Coin gauche (CoingI)
Négative	NCoulI	NCoindI	NCoingI
Positive	PCoulI	PCoindI	PCoingI

Tableau III.5. Notations des entrées de la classification de la caméra.

* CoulI : Couloir Image

2. Les sorties :

A la sortie, nous aurons les quatre classes *couloir, coin droit, coin gauche, cul de sac*.

Sorties	Couloir (Coul)	Coin droit (Coind)	Coin gauche (Coing)	Cul de sac (Cds)
Négative	NCoul	NCoind	NCoing	NCds
Positive	PCoul	Coind	Coing	Cds
Positive grand	PCoul	PCoind	PCoing	PCds

Tableau III.6. Notations des sorties.

Etape 2 : définitions des ensembles floues

Les valeurs des ensembles flous sont définies par les tableau III.4 et III.5. Les valeurs sont des ensembles de valeurs représentées par des gaussiennes pour la classification des données ultrasonores et des singletons pour celles de la caméra. Les représentations des fonctions d'appartenance sont illustrées par les figures III.20 et III.21.

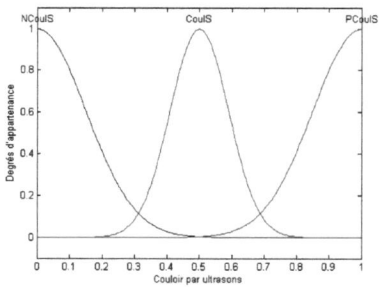

Figure III.20. Représentation de la fonction d'appartenance floue de la classe couloir émanant des capteurs ultrasons.

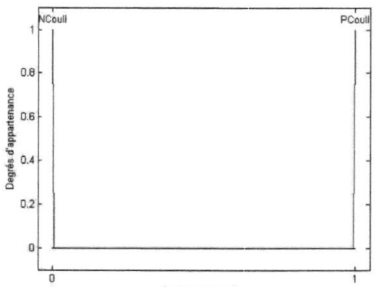

Figure III.21. Représentation de la fonction d'appartenance floue de la classe couloir par la caméra.

Etape 3 : Définition des règles floues

La base de règle est déduite de l'expertise. En effet, chaque capteur ayant ces caractéristiques, celles-ci influencent les résultats obtenus. Si on considère le cas des capteurs à ultrasons, une détection sera d'autant plus sûre que la distance entre l'obstacle et le robot est faible. Alors que pour la caméra, les valeurs seront binaires (0 ou 1).

Nous aurons à la sortie du système soit un renforcement ou un affaiblissement des informations suivant leurs raccordements mais aussi un effet de complémentarité de données en considérant le fait que certaines informations peuvent être offertes par un capteur et non pas par l'autre. Les différentes règles sont données en annexe (Annexe b).

Des exemples de règles floues employées par le système de classification sont donnés ci-dessous :
R_1 : **SI** CS est (NCS) et CI est (NCI) **ALORS** Couloir est (NCS).
R_2 : **SI** CS est (PCS) et CI est (PCI) **ALORS** Couloir est (PCS).

Etape 4 : La deffuzification

La deffuzification permettra de calculer le degré de vérité de chaque classe. Dans notre cas nous utiliserons une deffuzification centroïde ou la méthode du centre d'aire.

III.4 Conclusion

Dans ce chapitre, nous avons explicité les différents processus exploités pour le traitement et la fusion de données pour deux applications. La localisation utilise pour la fusion de données le filtre de Kalman qui permettra de compenser les défauts connus de l'odométrie et ceci par des valeurs de positions calculées par le biais d'une nouvelle méthode de triangulation : la *Triangulation Géométrique Généralisée*. Cette méthode utilise les données acquises des capteurs à ultrasons, tout en évitant le problème du *perceptual aliasing*.

Pour la reconnaissance d'environnement, la modélisation du système et des mesures étant difficiles et presque impossibles à déterminer, notre choix s'est porté sur la logique floue. Celle-ci est surtout connue pour ses applications dans le contrôle de processus mais ces dernières années, son domaine d'application s'est élargi à d'autres utilisations surtout du fait qu'elle ne nécessite aucun modèle mathématique du système. Nous sommes confortés dans notre choix par le fait qu'il n'existe aucune méthode permettant de générer les règles d'inférence ou de limiter leurs nombres, la conception de ces règles dépendra de l'expérience du concepteur et de son application.

Après avoir présenté les diverses méthodologies suivies, les résultats des traitements et des fusions de données seront illustrés et commentés dans le prochain chapitre.

Chapitre IV
Résultats et Interprétations

Chapitre IV : Résultats et Interprétations

IV.1 Introduction

Après avoir détaillé les étapes et phases de traitement des deux applications choisies, nous allons, dans ce chapitre, présenter les résultats des simulations effectuées. Ceux concernant la localisation permettront une comparaison entre les positions obtenues par l'odométrie, la méthode de triangulation géométrique généralisée et par la fusion de données grâce à l'EKF.

Ensuite nous donnerons les résultats de la reconnaissance de lieux dans un environnement intérieur d'abord par un traitement individuel des données capteurs, puis en utilisant une fusion des données par une approche basée sur la logique floue.

IV.2 Résultats et interprétations

IV.2.1 La localisation

Dans cette section, nous exposerons les résultats concernant la localisation. Nous avons fait déplacer le robot sur une trajectoire donnée le long d'un couloir et avons collecté les données odométriques et les perceptions ultrasoniques (figureIV.1). C'est pour cela que plusieurs triangulations ont été exécutées. Puis une moyenne a été calculée pour obtenir une pose finale, c'est cette dernière valeur qui sera l'entrée du filtre de Kalman.

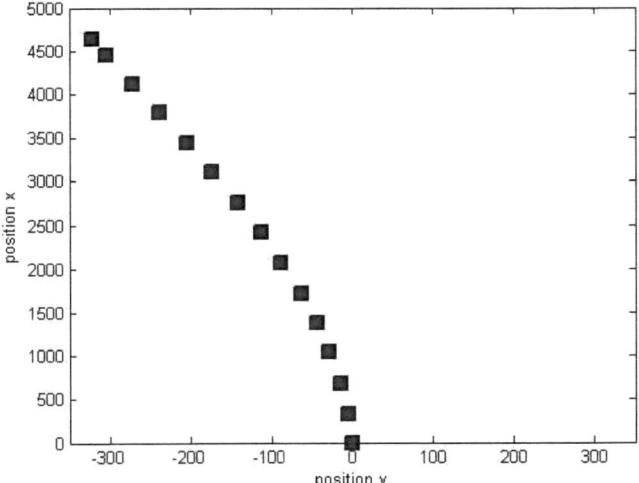

Figure IV.1. Trajectoire effectuée par le robot.

Les résultats sont illustrés par les figures IV.2a, IV.2b et IV.2c concernant, respectivement, la position en x, la position en y et l'orientation θ. Nous constatons que la triangulation donne quelques fluctuations pour la position en y et l'orientation θ alors qu'une certaine homogénéité est constatée pour la dimension x.

Chapitre IV : Résultats et Interprétations

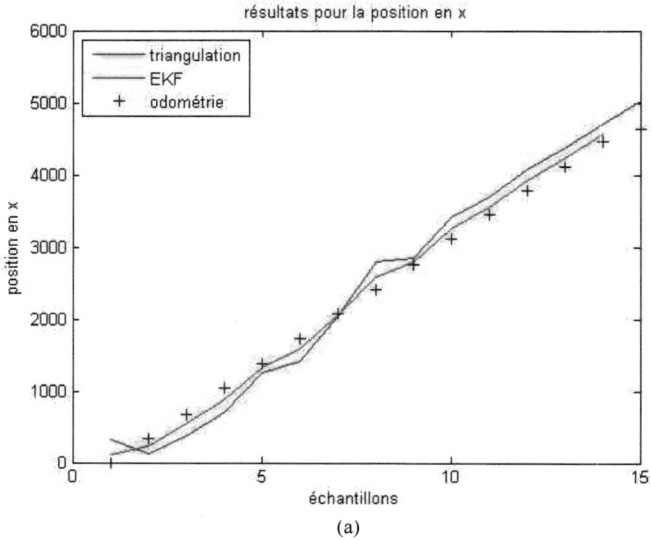

(a)

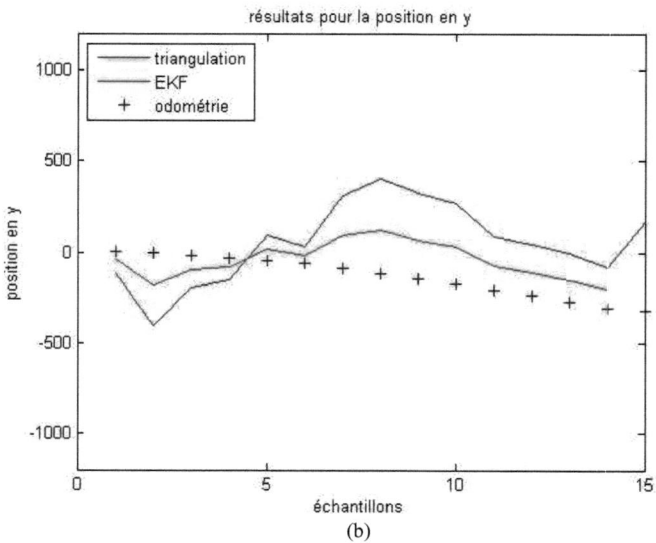

(b)

Chapitre IV : Résultats et Interprétations

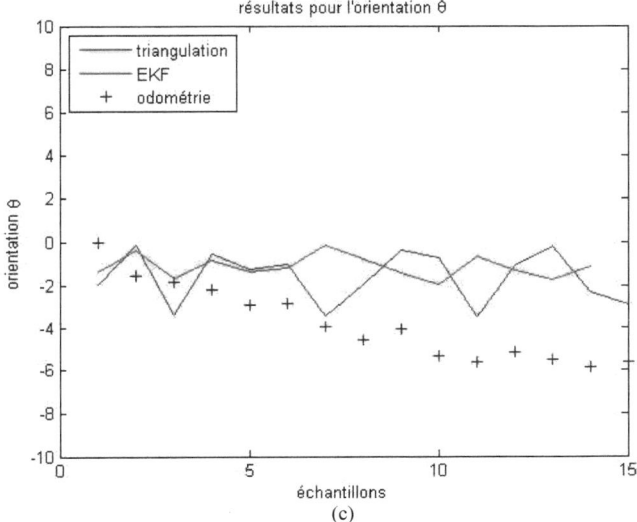

Figure IV.2. *Résultats obtenus pour la localisation avec les différentes méthodes.*
(a) pour la position en x   (b) pour la position en y   (c) pour l'orientation θ

L'EKF, quant à lui, permet une certaine correction des données tout en convergeant. Le filtre permet une correction des données odométriques mais met en cause les données de la triangulation dans le cas des mesures ayant une trop grande erreur. S'il y a une erreur sur la position odométrique initiale au niveau des trois coordonnées (x, y, θ), et d'autres erreurs dans la trajectoire, l'EKF utilise la mesure pour corriger ces erreurs et se rapprocher le plus possible de la position réelle. L'erreur initiale est due le plus souvent à l'imprécision des odomètres mais aussi à leur détérioration. Des problèmes mécaniques ou de transmission des données peuvent aussi affecter la trajectoire du robot.

Les différentes trajectoires du robot obtenues d'une part par la méthode de triangulation et d'autre part par l'EKF sont présentées sur les figures IV.3b et IV.3c.

Malgré des résultats assez satisfaisants, des erreurs ont été détectées surtout pour la position y, cela peut être expliqué par la figure IV.4. Les capteurs à ultrasons ne pouvant être considérés comme des capteurs ponctuels ceci fait que la détection d'un obstacle peut avoir une certaine erreur déjà commentée dans le chapitre II. Nous remarquons que cette erreur se répercute le plus sur la position en y mais n'a pas une grande influence sur la position en x. Il faut aussi préciser que les résultats sont basés sur des données réelles (issues d'un site expérimental réel) et de ce fait forcément dépendantes de l'environnement expérimental (bruit, mouvement proche, etc....).

Chapitre IV : Résultats et Interprétations

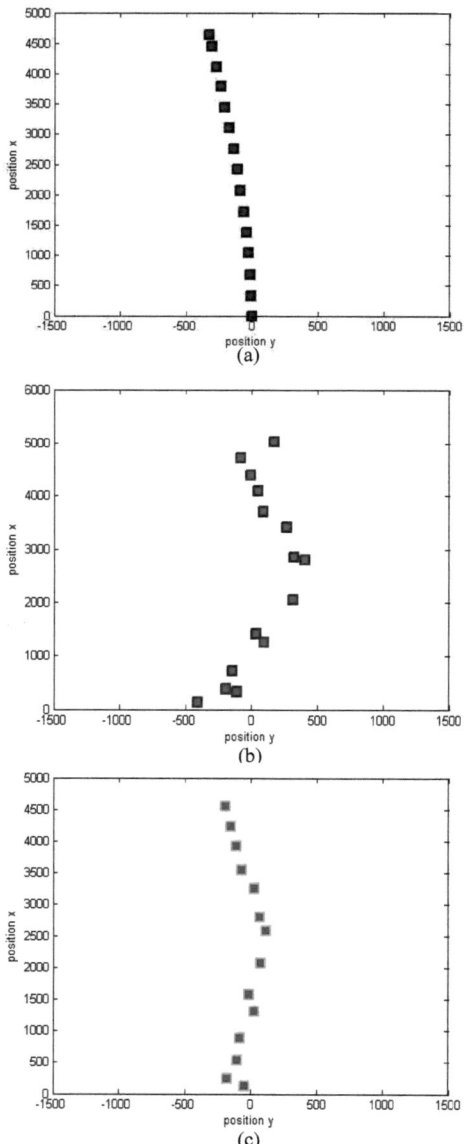

Figure IV. 3. *Trajectoires obtenues par les deux méthodes.*
(a) par odométrie   (b) par triangulation   (c) par fusion

Chapitre IV : Résultats et Interprétations

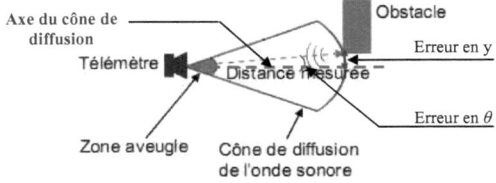

Figure IV.4. Erreur de lecture.

Le filtre de Kalman dépend de plusieurs paramètres, le fait d'augmenter la valeur de la matrice de covariance du système fait que les résultats varient, ceci est illustré pour la trajectoire par les figures IV.5a et IV.5b. Si la covariance du modèle du système est plus grande que celle du modèle de mesure, le filtre de Kalman fera confiance aux valeurs odométriques. Dans le cas contraire, il se rapprochera de celles de la triangulation, ce qui vérifie les équations du filtre de Kalman étendu implémentées.

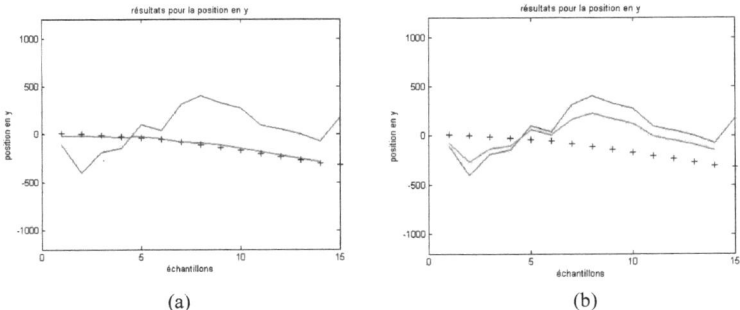

Figure IV.5. Cas d'un changement des valeurs de la covariance.
(a) Cas où la covariance de mesure est élevée.
(b) Cas où la covariance du système est élevée.

IV.2.2 La reconnaissance d'environnement

Nous avons divisé l'approche de reconnaissance d'environnement en 3 parties : classification par les capteurs à ultrasons, classification par le capteur caméra et classification par fusion de données.

Les résultats que nous présenterons seront détaillés pour le cas d'une navigation dans un couloir se terminant par un cul de sac, le coin à gauche et le coin à droite seront également inclus.

IV.2.2.1 Classification par les capteurs ultrasons

Grâce à l'interface du robot Pioneer II, nous récoltons les distances séparant le robot des obstacles. Le tableau IV.1 présente les distances relevées, elles sont groupées comme nous l'avons signalé au chapitre précédent, en 3 groupes puis elles sont normalisées (tableau IV.2). Ces dernières valeurs seront l'entrée de notre système d'inférence flou.

Chapitre IV : Résultats et Interprétations

	US1 (mm)	US2 (mm)	US3 (mm)	US4 (mm)	US5 (mm)	US6 (mm)	US7 (mm)	US8 (mm)
1	866,663	1198,565	1798,728	2000	2000	1673,742	1216,552	929,1442
2	857,234	1102,119	1539,585	2000	2000	1682,291	1166,952	922,088
3	850,538	1113,755	1698,785	2000	2000	1729,578	1170,561	932,612
4	850,440	1088,575	1491,780	2000	2000	1766,749	2000	937,8723
5	856,200	1125,619	1548,496	2000	2000	1852,498	1158,126	928,439
6	857,587	1110,375	1561,968	2000	2000	1693,575	1185,507	919,222
7	856,459	1174,550	1486,388	2000	2000	1613,509	1190,835	924,128
8	864,185	2000	1623,899	2000	2000	1647,096	1156,815	915,521
9	875,735	1254,155	1593,332	2000	2000	1604,341	1138,391	900,905
10	882,408	1192,482	1441,123	1835,189	1849,429	1657,526	1135,223	890,834
11	902,731	1171,937	1291,742	1524,387	1547,196	1574,897	1114,157	874,706
12	922,040	1085,806	1303,192	1198,400	2000	1349,200	1051,326	861,708
13	846,8196	1034,247	1121,464	891,437	1605,081	1128,793	1059,023	842,817
14	854,131	828,747	2000	567,902	1946,912	1354,788	880,019	808,897
15	763,708	850,664	429,522	402,466	413,320	1378,793	774,7325	797,566

Tableau IV.1. *Distances acquises par capteurs ultrasons.*

  Le SIF permettra d'avoir en sortie des valeurs qui exprimeront la probabilité de présence ou d'absence de la classe (ou d'une des classes) en question dans l'environnement, les résultats sont illustrés par le tableau IV.3.

	US gauche	US frontal	US droit
1	0,644	1	0,636
2	0,583	1	0,628
3	0,610	1	0,639
4	0,571	1	0,784
5	0,588	1	0,656
6	0,588	1	0,633
7	0,586	1	0,621
8	0,748	1	0,620
9	0,620	1	0,607
10	0,586	0,921	0,614
11	0,561	0,768	0,594
12	0,551	0,799	0,543
13	0,500	0,624	0,505
14	0,614	0,628	0,507
15	0,340	0,204	0,492

Tableau IV.2. *Distances acquises après regroupement et normalisation.*

Chapitre IV : Résultats et Interprétations

	Classe couloir	Classe coin droit	Classe coin gauche	Classe cul de sac	Résultats
1	0,651	0,311	0,311	0,311	
2	0,651	0,311	0,311	0,311	
3	0,651	0,311	0,311	0,311	
4	0,647	0,311	0,311	0,311	
5	0,651	0,311	0,311	0,311	Détection d'un couloir
6	0,651	0,311	0,311	0,311	
7	0,651	0,311	0,311	0,311	
8	0,649	0,311	0,311	0,311	
9	0,651	0,311	0,311	0,311	
10	0,693	0,308	0,308	0,308	
11	0,674	0,667	0,667	0,667	
12	0,661	0,567	0,567	0,567	Détection d'un couloir, d'un coin à droite, d'un coin à gauche et d'un cul de sac
13	0,692	0,692	0,692	0,692	
14	0,692	0,692	0,692	0,692	
15	0,688	0,688	0,688	0,688	

***Tableau IV.3.** Résultats de la classification par les capteurs à ultrasons.*

Les résultats mettent en évidence l'un des problèmes des capteurs à ultrasons qui est leur portée. Nous remarquons que c'est à une certaine distance de l'obstacle que la détection peut être confirmée. Ceci dit, on peut assurer que leur utilisation est très utile lors d'une navigation intérieure du fait qu'ils détectent des objets environnants de manière appropriée et ceci à une certaine hauteur et réalisée de manière appropriée.

IV.2.2.2 Classification par l'utilisation de la caméra

Nous avons, dans cette partie du travail, acquis des images de type RGB. Après un traitement effectué (chapitre III), une classification par caractéristiques géométriques a été réalisée. Nous détaillerons les différentes étapes pour une seule image (figure IV.6a) puis nous présenterons les résultats pour les autres échantillons d'images.

a) Etape de segmentation d'image

Cette étape est illustrée par les figures IV.6b, IV.6c et IV.6d. Elle comprend l'étape de transformation en niveaux de gris puis l'application du filtre de Sobel pour obtenir une image à gradient. De cette image, nous obtiendrons l'image de la figure IV.6d et ceci après une étape de seuillage (binarisation) et l'élimination des bruits.

Chapitre IV : Résultats et Interprétations

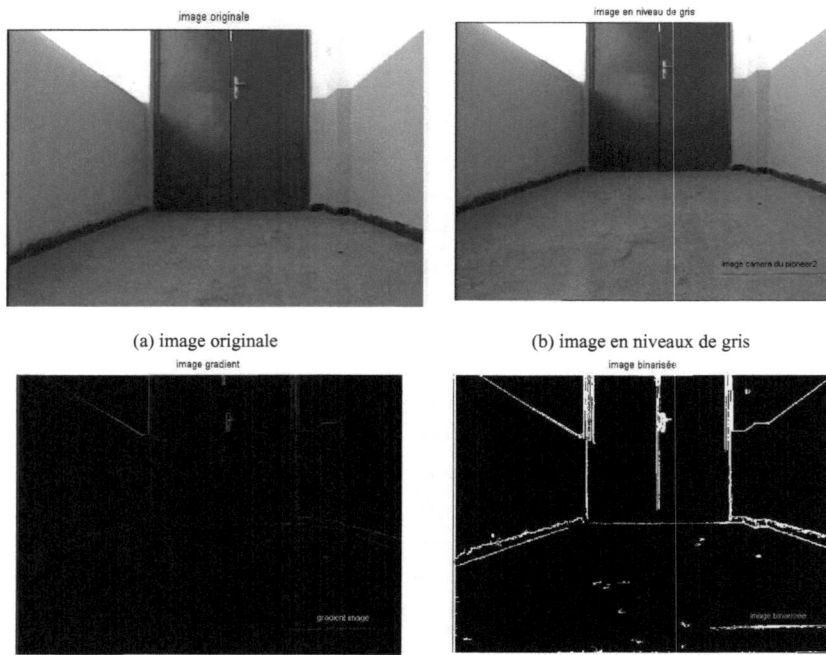

(a) image originale (b) image en niveaux de gris

(c) image en gradient par le filtre de Sobel (d) image binaire

Figure IV.6. Résultats de l'étape de segmentation.

b) **Etape d'extraction et sélection de caractéristiques**

L'image binaire se verra appliquer la transformée de Hough afin d'extraire tous les segments présents dans l'image. Puis une sélection des segments utiles est faite afin de diminuer le temps de traitement. Les points d'intersection et angles entre chaque deux droites proches sont calculés. Les figures IV.7a et IV.7b décrivent les résultats de cette phase.

Chapitre IV : Résultats et Interprétations

(a) extraction des primitives par la transformée de Hough

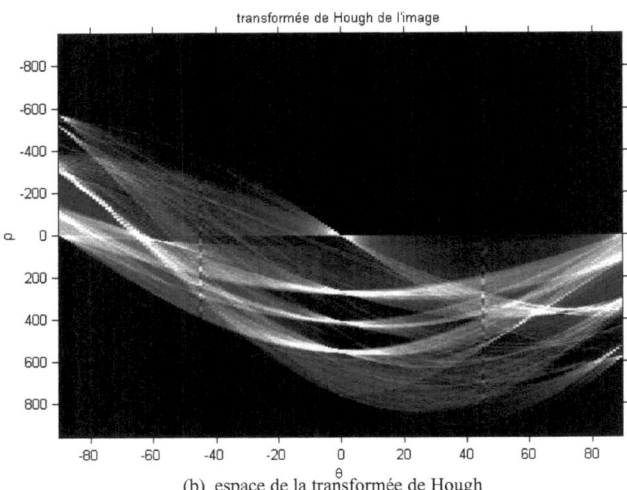

(b) espace de la transformée de Hough

Figure IV.7. Résultats de l'étape d'extraction des caractéristiques.

c) **Etape de reconnaissance de modèle**

Dans cette étape, nous utilisons les spécificités choisies pour la définition des classes, ceci en se basant sur les résultats de l'extraction des segments et de leurs intersections et angles. Nous devons à partir de l'image de base extraire un couloir, un coin à gauche et un coin à droite. Après l'application de notre algorithme de recherche, nous obtenons la figure IV.8.

Chapitre IV : Résultats et Interprétations

Figure IV.8. Image finale avec détection des classes.

Le tableau suivant regroupe les résultats obtenus pour un échantillon de 15 données recueillies en même temps que les données distances précédentes.

	Classe couloir	Classe coin droit	Classe coin gauche	Résultats
1	1	1	1	Détection d'un couloir, d'un coin à droite, d'un coin à gauche et d'un cul de sac
2	1	1	1	
3	1	1	1	
4	1	1	1	
5	1	1	1	
6	1	1	1	
7	1	1	1	
8	1	1	0	Détection d'un couloir, d'un coin à droite
9	1	1	0	
10	0	0	0	Aucune classe n'a été détectée
11	0	0	0	
12	0	0	0	
13	0	0	0	
14	0	0	0	
15	0	0	0	

Tableau IV.4. Résultats de la classification par les données images.

Le fait que les données images peuvent être riches en informations peut facilement devenir dans certains cas un désavantage. Nous remarquons sur l'image finale que c'est une droite parallèle à la droite verticale définissant le coin à droite qui a été prise en considération. Ceci est dû à la définition basique du coin. Aussi, nous constatons sur l'image obtenue par l'application du filtre de Sobel que les arêtes des coins n'ont pas un gradient très élevé ce qui ne

Chapitre IV : Résultats et Interprétations

nous permet pas de les détecter après l'étape de seuillage, cela est dû à l'intensité de l'image dans ces régions qui dépendent de luminosité de l'environnement.

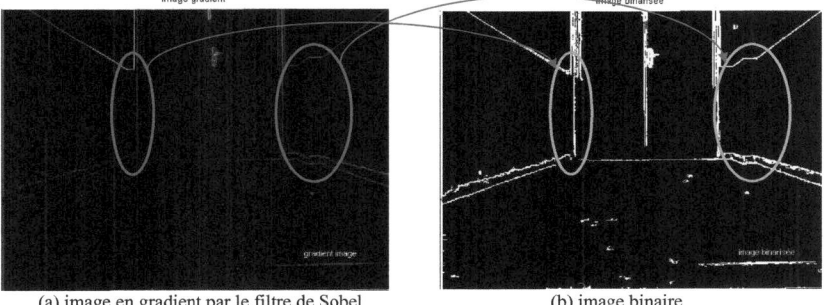

(a) image en gradient par le filtre de Sobel (b) image binaire
Figure IV.9. Illustration d'un cas de non détection de primitives.

La classification dans le cas des données pose aussi le problème de portée. Le fait que la caméra ait une portée importante n'empêche en aucun cas le fait qu'à une certaine distance parcourue par le robot, la caméra n'obtient plus d'images réunissant les informations utiles dont nous avons besoin, un exemple est donné par la figure IV.10.

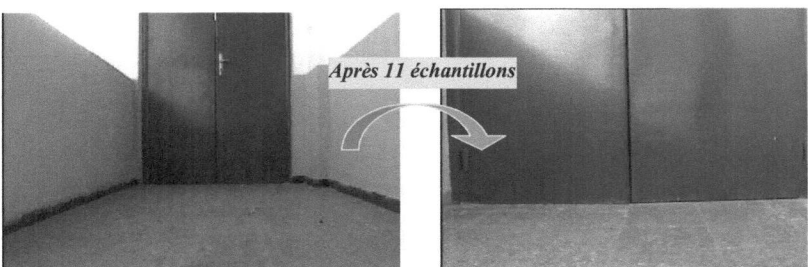

Figure IV.10. Changement des informations après 11 échantillons.

Un autre problème peut subvenir lors de l'envoi des images caméra du robot via le modem, ce qui peut engendrer des fluctuations dans l'image pouvant faire détecter de faux segments.

IV.2.2.3 Classification par la fusion de donnée : application de la logique floue

Nous avons constaté, au vu des résultats précédents, les avantages et les inconvénients de chaque capteur. Les ultrasons ayant une portée limitée ne détectent des objets environnants qu'à une certaine distance alors que la caméra peut perdre 'de vue' les objets si ces derniers dépassent son champ de vision.

C'est pour cette raison que la fusion de données par logique floue a été proposée. Cela permet de compenser les limitations de chacun des capteurs lors de l'exploration de l'environnement et de confirmer la présence ou l'absence d'une classe dans l'environnement.

Chapitre IV : Résultats et Interprétations

Les résultats sont présentés dans le tableau IV.5. Ces résultats permettent d'observer une nette amélioration de la détection des classes, il faut préciser qu'une classe est dite 'détectable' si sa probabilité est supérieure à 0.4, cette valeur peut varier selon l'expertise choisie.

	couloir	coin droit	coin gauche	cul de sac	couloir	coin droit	coin gauche	couloir	coin droit	coin gauche	cul de sac
1	0,651	0,311	0,311	0,311	1	1	1	0,614	0,599	0,599	0,751
2	0,651	0,311	0,311	0,311	1	1	1	0,614	0,599	0,599	0,751
3	0,651	0,311	0,311	0,311	1	1	1	0,614	0,599	0,599	0,751
4	0,647	0,311	0,311	0,311	1	1	1	0,613	0,599	0,599	0,751
5	0,651	0,311	0,311	0,311	1	1	1	0,614	0,599	0,599	0,751
6	0,651	0,311	0,311	0,311	1	1	1	0,614	0,599	0,599	0,751
7	0,651	0,311	0,311	0,311	1	1	1	0,614	0,599	0,599	0,751
8	0,649	0,311	0,311	0,311	1	1	0	0,613	0,599	0,448	0,458
9	0,651	0,311	0,311	0,311	1	1	0	0,614	0,599	0,448	0,448
10	0,693	0,308	0,308	0,308	0	0	0	0,663	0,599	0,439	0,439
11	0,674	0,667	0,667	0,667	0	0	0	0,632	0,599	0,599	0,599
12	0,661	0,567	0,567	0,567	0	0	0	0,621	0,599	0,599	0,599
13	0,692	0,692	0,692	0,692	0	0	0	0,599	0,599	0,599	0,599
14	0,692	0,692	0,692	0,692	0	0	0	0,599	0,599	0,599	0,599
15	0,688	0,688	0,688	0,688	0	0	0	0,599	0,599	0,599	0,599

Tableau IV.5. Résultats de la classification par la fusion de données.

Nous remarquons, au début de la navigation, que la caméra donne plus d'informations que les capteurs à ultrasons ce qui est le contraire, à la fin, puisque ce sont les capteurs à ultrasons qui confirment la présence des classes mais aussi que la classe couloir a pu être détectée pendant toute la navigation malgré une perte d'informations pour la caméra. D'après les résultats, la fusion nous a incontestablement permis une amélioration remarquable des résultats.

Après avoir présenté les résultats pour des données concernant une navigation dans un couloir, nous présentons dans ce qui suit les statistiques de détection pour d'autres scénarios, sur 40 échantillons.

	Couloir	Coin droit	Coin gauche	Cul de sac
Avec les capteurs US	100 %	46,66 %	46,66 %	46,66 %
Avec la caméra	60 %	60 %	46,66 %	/
Avec la fusion de données	100 %	100 %	100 %	100 %

Tableau IV.6. Statistiques de la classification par les différentes méthodes.

Ce tableau démontre l'effet considérable de la fusion de données, et confirme l'effet de complémentarité des deux capteurs sachant que le capteur à ultrasons peut nous donner une image de l'environnement à une portée minime et à une certaine hauteur qui est moins importante que celle de la caméra. La fusion nous a donc permis d'améliorer la perception générale du robot.

IV.3 Conclusion

Dans ce chapitre, nous avons illustré les différents résultats obtenus par l'application des méthodes étudiées tout au long des chapitres précédents.

Nous avons proposé l'utilisation du filtre de Kalman pour les deux tâches choisies qui sont la localisation et la reconnaissance d'environnements. Le filtre de Kalman se présentant sur plusieurs aspects, notre choix s'est porté sur le filtre de Kalman étendu qui est plus adéquat dans le cas des systèmes à faible non linéarité.

Le filtre de Kalman s'est avéré très utile pour la localisation. La fusion a permis d'avoir des valeurs optimales en se basant d'une part sur les valeurs odométriques mais aussi sur les valeurs obtenues par triangulation. La triangulation géométrique généralisée, en se basant sur les données des capteurs à ultrasons, a donné des résultats satisfaisants en comparaison avec les valeurs odométriques. Ces dernières sont connues pour leurs erreurs cumulatives et leur déviation.

Nous avons aussi prouvé la fiabilité de l'implémentation du filtre de Kalman étendu en ayant une concordance entre l'étude théorique et l'implémentation pratique.

Pour la reconnaissance d'environnement, nous n'avons pas pu utiliser le filtre de Kalman du fait de la difficulté de modélisation du système et des mesures. Ceci nous a mené donc à appliquer la logique floue qui nous a été doublement utile. D'abord elle a permis d'obtenir une classification par capteurs à ultrasons puis une fusion de données pour une classification finale. La classification par caméra s'est faite sur plusieurs étapes, celles-ci ont donné de bons résultats. La fusion a permis une amélioration considérable de la reconnaissance des classes.

Nous avons, à travers ces résultats, confirmé les buts de l'utilisation de la fusion des données qui sont :
- de permettre une complémentarité des données des différents capteurs soit en affaiblissant ou renforçant une donnée par la redondance.
- d'obtenir des données en sortie plus sûres et plus fiables.

Chapitre IV : Résultats et Interprétations

Conclusion

Le but de notre travail est d'étudier l'apport d'une fusion de données multisensorielles en robotique, notamment dans deux applications qui sont la localisation d'un robot mobile et la reconnaissance d'environnements. Les données sont issues de capteurs proprioceptifs et/ou extéroceptifs.

La localisation d'un robot mobile est surtout associée à la méthode du 'dead-reckoning' qui utilise des odomètres. Cette méthode étant connue pour ses erreurs, une localisation par capteurs extéroceptifs a été choisie pour les compenser. Dans la méthode de localisation classique, ce sont les capteurs proprioceptifs qui sont les seuls à être pris en compte, ce qui n'est pas suffisant. Tous les systèmes robotiques sont au moins équipés d'un capteur extéroceptif ce qui a amené à développer des méthodes calculant la position du robot en utilisant ces dernières.

La méthode choisie, dans notre cas, est la triangulation géométrique généralisée. Cette méthode se base sur la position du robot par rapport à trois points repères. Le fait que notre robot (Pioneer II) navigue dans un environnement inconnu, ses points de repère sont d'abord calculés puis une triangulation spécifique est appliquée. La triangulation a permis d'obtenir des résultats satisfaisants malgré quelques fluctuations pour la position en y et θ.

La fusion de données a été effectuée par le biais du filtre de Kalman étendu qui a pu optimiser la position du robot en prenant en considération les erreurs. L'opération de fusion a donné des résultats intéressants du fait que le filtre de Kalman étendu converge toujours vers une erreur plus faible dans le temps. D'un point de vue pratique, l'implémentation des algorithmes développés en simulation a permis d'évaluer les performances en termes de temps d'exécution. Concernant l'aspect théorique du travail, les équations mathématiques élaborées ont bien été vérifiées dans la phase implémentation. Ce qui vient confirmer les résultats obtenus et confirmer l'effet de compensation et de complémentarité des données ultrasonores (capteurs extéroceptifs) et des données odométriques (capteurs proprioceptifs).

Pour la reconnaissance d'environnement, nous avons là aussi opté dans un premier temps pour le filtre de Kalman pour fusionner les données issues des capteurs. Seulement nous nous sommes heurtés à deux difficultés majeures ; la modélisation du système et des capteurs. La modélisation du système s'est avérée complexe du fait qu'elle ne peut inclure les différentes étapes de traitements appliquées aux données. Dans le cas des capteurs à ultrasons, il est impossible de créer une matrice permettant le passage d'une distance à une classification, c'est-à-dire mettre le système d'inférence floue sous forme matricielle. C'est pour ces raisons, que nous nous sommes finalement tournés vers l'utilisation de la logique floue sachant qu'elle peut s'affranchir d'une modélisation mathématique de l'environnement et des capteurs.

La logique floue a été utilisée pour la classification des données des capteurs à ultrasons. Une étape de normalisation a été réalisée afin de simplifier l'utilisation des distances acquises puis les valeurs obtenues, après cette étape, ont été traitées à travers un système d'inférence floue. Une classification a aussi été effectuée sur les données de type images qui sont fortement riches en informations. Après avoir exploré plusieurs techniques de traitements d'images, nous

nous sommes basés sur des primitives géométriques (droites et segments) pour définir nos classes.

Ces classifications ont permis de mettre en évidence les performances de la fusion de données. Celle-ci a apporté une nette amélioration de la classification des lieux de l'environnement car elle a permis de compenser les limitations de chaque capteur. Nous avons donc exploité l'effet de complémentarité des données en considérant que certaines régions de l'environnement peuvent être observées par un capteur et non par un autre mais aussi l'effet de redondance des informations capteurs en obtenant un renforcement ou un affaiblissement des informations suivant leurs concordances.

Dans nos travaux, nous avons implémenté deux types de méthodes, une probabiliste et une autre ensembliste. Chacune ayant ses avantages et ses inconvénients, nous avons pour notre part pu voir l'utilité de chacune. Le filtre de Kalman est très utile pour le recalage et la correction d'un système dynamique modélisable, ces applications sont très utilisées pour la localisation, le suivi de cible et d'objets. La logique floue, quant à elle, est plus adaptée pour des systèmes difficiles à modéliser et qui ont des caractéristiques difficiles à délimiter mathématiquement.

Comme perspectives à nos travaux, l'utilisation d'un télémètre laser et d'une caméra pourra améliorer la fusion de données en apportant plus d'informations précises et permettra d'obtenir des positions de repères plus précises et donc une position finale plus optimale. Une localisation de ce type permettra d'obtenir une navigation plus sûre dans un environnement inconnu. L'intégration d'un système d'apprentissage permettant au robot de mémoriser ses positions serait aussi intéressante pour une navigation plus autonome.

Pour la reconnaissance d'environnement, une définition plus précise des classes pourrait pallier à des cas de fausses détections. L'augmentation des nombres de classes par le biais d'un système d'apprentissage et de mémorisation permettrait au robot d'avoir une base de données qu'il pourra utiliser dans d'autres environnements. On pourrait prévoir une caméra stéréoscopique pour élaborer une carte de l'environnement en situant les classes dans l'espace.

Annexe a

Le robot Pioneer II

Le robot Pioneer II utilisé est une plateforme expérimentale construite par la société ActivMedia Robotics. Destiné plus pour une navigation dans un environnement d'intérieur, le Pionner II ou le Pioneer P2-DX avec sa taille modeste se prête à la navigation dans les coins serrés et espaces encombrés tels que salles de classe, laboratoires, et petits bureaux.

Architecture matérielle

Le robot mobile Pioneer II se déplace grâce à ses deux roues différentielles avec un système réversible d'entraînement à courant continu et une roulette arrière pour l'équilibre, il est non holonome. Destiné la plupart du temps à utilisation d'intérieur sur les surfaces dures et plates, le Pioneer II a des pneus en caoutchouc pleins et chaque système d'entraînement du moteur intègre un capteur incrémental avec une résolution de 19 pulsations/mm pour déterminer précisément la position et la vitesse. Il a une dimension de 44cm x 33cm x 22cm, pèse environ 9kg et peut supporter une charge supplémentaire de 23kg, il se déplace à une vitesse maximale de 1.6m/s.

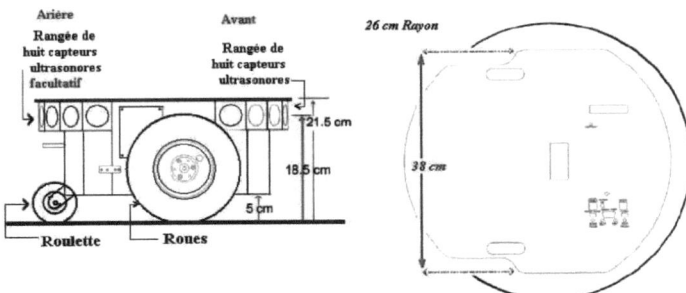

Figure a.1. Principaux composants et dimensions du robot PIONEER II.

Le robot mobile Pioneer II contient tous les composants de base pour la navigation dans un environnement réel, incluant batterie puissante, moteurs d'entraînement, roues, encodeurs de positions /vitesse, sonars et accessoires intégrés, ils sont tous contrôlés par l'intermédiaire d'un microcontrôleur et un logiciel serveur du robot mobile. Le corps comporte une ceinture de capteurs à ultrasons de type Polaroïd alors que le haut du robot supporte la caméra CCD (RGB).

Annexe a

Figure a.2. Le robot Pioneer II.

Le robot mobile Pioneer II est aussi muni d'odomètres qui servent à mesurer le déplacement et l'orientation effectués par le robot. Les données provenant de ces capteurs sont présentées de façon à donner la position du robot mobile en X et Y ainsi que son orientation, de ce fait la position du robot peut être directement lue.

Tous les capteurs et actionneurs sont connectés au bus de l'interface d'entrée et à 3 cartes d'acquisition. Grâce à une paire de modems radio adaptables à une situation Ethernet et un port série d'entrée/sortie 2RS-232 (Figure IV.3 et IV.4), le robot communique avec un ordinateur extérieur utilisant Windows comme système d'exploitation afin de permettre l'acquisition et l'exploitation des données capteurs.

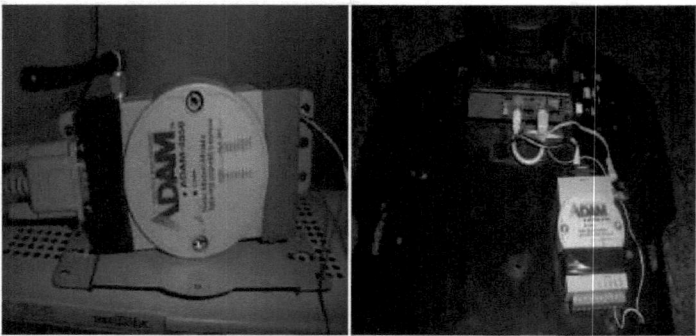

Figure a.3. Modem de transmission des données entre le robot et le PC.

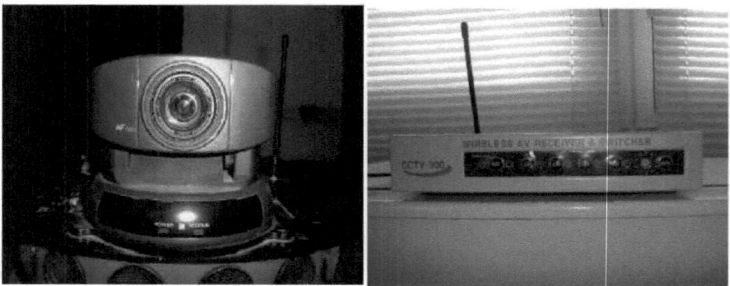

Figure a.4. Modem de transmission des images caméra entre le robot et le PC.

Annexe a

Architecture logicielle

Le robot Pioneer II, grâce à son logiciel client Saphira, possède une interface utilisateur facile à utiliser et conviviale permettant l'interaction avec l'utilisateur à travers un ensemble de menus permettant la gestion des capteurs ultrasonores, les moteurs et autres systèmes embarqués.

Le contrôle software se fait par Saphira/Aria qui est un logiciel distribué et un toolkit orienté objet pour la construction de programmes de contrôle d'un seul ou plusieurs robots de la famille ActivMedia Robotics, il inclut également un simulateur. Le logiciel Saphira utilisé collecte les données en provenance des capteurs embarqués, les interprète et les exécute. Le Saphira/Aria est une librairie composée de programmes écrits en C et C++ contrôlant le hardware du robot mobile Pioneer II. L'utilisation du langage Matlab peut aussi se faire pour l'acquisition et même le contrôle du robot. La connexion avec les différents capteurs embarqués se fait en exécutant le programme serveur qui réagit réciproquement avec le capteur. Ce dernier se connectera à son tour au serveur. Le capteur peut ainsi être connecté et contrôlé par un simple programme écrit en C ou en Matlab incluant les fonctions et procédures fournies avec Saphira/Aria.

Programme utilisé pour l'acquisition des données ultrasonores et images

```
Clear vidobj
j =1 ;
%=========================================================%
Init_Saph ( [1 1] )
pause
vidobj = videoinput ('winvideo', 1, 'RGB24_768x576') ;
preview (vidobj) ;
% pause
M_Com_Robot ( [0 50] );
pause (0.1)

for i = 1:100
        [pos] = M_Get_Robot ( [0] );
        [son] = M_Get_Sonars ( [0] );

        Snapshot = getsnapshot (vidobj);
        pause(0.5)
        if mod (i ,10) ==1
                position (j) = pos;
                sonar (j) = son;
                camera (j) = snapshot;
                j = j+1;
        end
end
Init_Saph ( [0 -1] )
```

Annexe b

Nous présentons les bases de règles du système d'inférence flou de celle de la classification par capteurs à ultrasons et celle qui a permis la fusion des données.

La base de règles pour la classification par capteurs à ultrasons

1. Si (USd est ND) et (USf est ND) et (USg est ND) alors (CS est NC) (CgS est NCG) (CdS est NCD)(CsS est NCDS)

2. Si (USd est ND) et (USf est PD) et (USg est PD) alors (CS est NC) (CgS est PCG) (CdS est NCD) (CulDeSac est NCDS)

3. Si (USd est PD) et (USf est PD) et (USg est ND) alors (CS est NC) (CgS est NCG) (CdS est PCD) (CsS est NCDS)

4. Si (USd est PD) et (USf est ND) et (USg est PD) alors (CS est PC) (CgS est NCG) (CdS est NCD) (CsS est NCDS)

5. Si (USd est PD) et (USf est PD) et (USg est PD) alors (CS est PC) (CgS est PCG) (CdS est PCD) (CsS est PCDS)

La base de règles pour la classification par fusion de données

1. Si (CoulS est NCoulS) et (CoulI est NCoulI) alors (Coul est NCoul)

2. Si (CoulS est NCoulS) et (CoulI est PCoulI) alors (Coul est PCoul)

3. Si (CoulS est PCoulS) et (CoulI est NCoulI) alors (Coul est PCoul)

4. Si (CoulS est PCoulS) et (CoulI est PCoulI) alors (Coul est PCoul)

5. Si (CoulS est PCoulS) et (CoulI est NCoulI) alors (Coul est Coul)

6. Si (CoulS est PCoulS) et (CoulI est PCoulI) alors (Coul est PCoul)

7. Si (CoindS est NCoindS) et (CoindI est NCoindI) alors (Coind est NCoind)

8. Si (CoindS est NCoindS) et (CoindI est PCoindI) alors (Coind est Coind)

9. Si (CoindS est CoindS) et (CoindI est NCoindI) alors (Coind est Coind)

10. Si (CoindS est CoindS) et (CoindI est PCoindI) alors (Coind est Coind)

11. Si (CoindS est PCoindS) et (CoindI est NCoindI) alors (Coind est Coind)

12. Si (CoindS est PCdS) et (CoindI est PCoindI) alors (Coind est PCoind)

13. Si (CoingS est NCoingS) et (CoingI est NCoingI) alors (Coing est NCoing)

14. Si (CoingS est NCoingS) et (CoingI est PCoingI) alors (Coing est Coing)

Annexe b

15. Si (CoingS est CoingS) et (CoingI est NCgI) alors (Coing est Coing)

16. Si (CoingS est CoingS) et (CoingI est PCgI) alors (Coing est Coing)

17. Si (CoingS est PCoingS) et (CoingI est NCgI) alors (Coing est Coing)

18. Si (CoingS est PCoingS) et (CoingI est PCgI) alors (Coing est PCoing)

19. Si (CuldesacS est NCdsS) alors (Culdesac est NCds)

20. Si (CuldesacS est NCdsS) et (CouII est NCouII) et (CoindI est NCoindI) et (CoingI est NCoingI) alors (Culdesac est NCds)

21. Si (CuldesacS est NCdsS) et (CouII est NCouII) et (CoindI n'est_pas NCoindI) et (CoingI n'est_pas NCoingI) alors (Culdesac est NCds)

22. Si (CuldesacS est NCdsS) et (CouII n'est_pas NCouII) et (CoindI est NCoindI) et (CoingI est NCoingI) alors (Culdesac est NCds)

23. Si (CuldesacS est NCdsS) et (CouII n'est_pas NCouII) et (CoindI n'est_pas NCoindI) et (CoingI est NCoingI) alors (Culdesac est NCds)

24. Si (CuldesacS est CdsS) et (CouII n'est_pas NCouII) et (CoindI est NCoindI) et (CoingI n'est_pas NCoingI) alors (Culdesac est NCds)

25. Si (CuldesacS est CdsS) et (CouII est NCouII) et (CoindI est NCoindI) et (CoingI est NCoingI) alors (Culdesac est Cds)

26. Si (CuldesacS est CdsS) et (CouII est PCouII) et (CoindI est NCoindI) et (CoingI est NCoingI) alors (Culdesac est Cds)

27. Si (CuldesacS est CdsS) et (CouII est NCouII) et (CoindI est PCoindI) et (CoingI est NCoingI) alors (Culdesac est Cds)

28. Si (CuldesacS est CdsS) et (CouII est NCouII) et (CoindI est NCoindI) et (CoingI est PCoingI) alors (Culdesac est Cds)

29. Si (CuldesacS est CdsS) et (CouII est PCouII) et (CoindI est PCoindI) et (CoingI est NCoingI) alors (Culdesac est PCds)

30. Si (CuldesacS est CdsS) et (CouII est PCouII) et (CoindI est NCoindI) et (CoingI est PCoingI) alors (Culdesac est PCds)

31. Si (CuldesacS est CdsS) et (CouII est NCouII) et (CoindI est PCoindI) et (CoingI est PCoingI) alors (Culdesac est PCds)

32. Si (CuldesacS est PCdsS) et (CouII est NCouII) et (CoindI est NCoindI) et (CoingI est NCoingI) alors (Culdesac est Cds)

33. Si (CuldesacS est PCdsS) et (CouII est NCouII) et (CoindI est PCoindI) et (CoingI est PCoingI) alors (Culdesac est PCds)

Annexe b

34. Si (CuldesacS est PCdsS) et (CouII est PCouII) et (CoindI est NCoindI) et (CoingI est PCoingI) alors (Culdesac est PCds)

35. Si (CuldesacS est PCdsS) et (CouII est PCouII) et (CoindI est PCoindI) et (CoingI est NCoingI) alors (Culdesac est PCds)

36. Si (CuldesacS est PCdsS) et (CouII est PCouII) et (CoindI est PCoindI) et (CoingI est PCoingI) alors (Culdesac est PCds)

37. Si (CouII est PCouII) et (CoindI est PCoindI) et (CoingI est PCoingI) alors (Culdesac est PCds)

Bibliographie

Bibliographie

[1] David L. Hall, James Llinas et al., "Handbook of Multisensor Data Fusion", the electrical engineering and applied signal processing signal, CRC press,2001.

[2] Frédéric Davidson, "Étude Comparative Des Architectures De Fusion Pour Pistage De Cibles Avec Filtres De Kalman", Faculté des Sciences et de Génie, Université Laval, Décembre 98.

[3] DRUMMOND, Oliver E. Track Maintenance, Multiple Target Tracking Lectures Notes, Technology Training Corp., Torrance, CA, 1995.

[4] C. Durieu, H. Clergeot, "Une approche statistique pour la localisation de robots mobiles dans un environnement balisé", A.P.I.I. vol. 25, n°5, 1991, p. 437—461.

[5] Nacim Ramdani, "Méthode ensemblistes pour l'estimation", Université Paris XII Val de Marne, octobre 2005.

[6] Moravec, H, "Sensor fusion in certainty grids for mobile robots". *Pages 253–276,* 1987.

[7] A. Elfes, « Using Occupancy Girds for Mobile Robot Perception and Navigation», IEEE Computer, pp.46-57, Los Alamitos, USA, 1989.

[8] Thrun, S. and Bücken, "Integrating grid-based and topological maps for mobile robot navigation", In AAAI, editor, Proceedings of the Thirteenth National Conference on Artificial Intelligence, Portland, Oregon 1996.

[9] Thrun, S., Gutmann, J., Fox, D., Burgard, W., and Kuipers, B, "Integrating topological and metric maps for mobile robot navigation: A statistical approach", In *Proceedings of AAAI-98.* AAAI. 1998.

[10] Martin, M. and Moravec, H, "Robot evidence grids", Technical Report, The Robotics Institute Carnegie Mellon University Pittsburgh, Pennsylvania 15213, 1996.

[11] Yamauchi, B, "Exploration and spatial learning in dynamic environments", PhD thesis, Case Western Reserve University, Department of Computer Engineering and Science 1995.

[12] Benoit Lavoie. "Apprentissage bayésien." Université du Québec (Montréal), Avril 2006

[13] Dempster, A, "Upper and lower probabilities induced by a multivalued mapping", Ann. Math. Stat., pages 325–339, 1967.

[14] Shafer, G, "A mathematical theory of evidence". Princeton University Press, Princeton, N.J, 1976.

[15] Ling, X. and Rudd, W, "Combining opinions from several experts". *Applied Artificial Intelligence*, 3 :439–452, 1988.

[16] Rabiner, L, "A tutorial on hidden Markov models and selected applications in speech recognition", *In Proceedings of the IEEE, volume 77, pages 257–285*, 1989

[17] Viterbi, A, "Error bounds for convolutional codes and an asymptotically optimum decoding algorithm". *IEEE Trans. on Information Theory, pages 260–269*, 1967.

[18] Rabiner, L, "A tutorial on hidden Markov models and selected applications in speech recognition", *In Proceedings of the IEEE, volume 77, pages 257–285*, 1989.

Bibliographie

[19] A.P. Blom Henk and Y. Bar-Shalom, "The interacting multiple model Algorithm for systems with Markovian Switching Coefficients", *IEEE Transaction on Automatic Control, Vol 33, N°8*, August 1988.

[20] Abidi, M. and Gonzalez, R, "Data Fusion in Robotics and Machine Intelligence". *Academic Press*, 1992.

[21] Barret, I, « Synthèse d'algorithmes de poursuite multi-radars d'avions civils manœuvrant ». *PhD thesis, Ecole Nationale supérieure de l'aéronautique et de l'espace*, 1990.

[22] Luo, R. and Kay, M, "Multisensor integration and fusion in intelligent systems", *IEEE Trans. on Systems, Man, and Cybernetics, 19(5): 901–931*, 1989.

[23] Crowley, J. and Demazeau, Y, "Principles and techniques for sensor data fusion", *Signal processing*, 1993.

[24] S. J. Julier, J. K. Uhlmann, « A New Extension of the Kalman Filter To Non-Linear systems », International Symposeum Aerospace/Defense Sensing, Simulation and Controls, Orlando, FL, 1997.

[25] Stephen C. Stubberud, Kathleen A. Kramer, "System Identification Using the Neural-Extended Kalman Filter For State-Estimation Modification'', Proceedings of the 2006 IEEE, International Symposium on Intelligent Control, Munich, Germany, October 4-6, 2006

[26] David Felliat, " Robotique mobile".Ecole Nationale Supérieure de Techniques Avancées, France, 2006

[27] Bernard Bayle, "Robotique mobile". Ecole Nationale Supérieure de Physique de Strasbourg, France, 2008.

[28] J. Borenstein, « Internal Correction of Dead-reckoning Errors with the Smart Encoder Trailer », International Conference on Intelligent Robots and Systems, vol1, pp. 127–134, Munich, Germany, 1994.

[29] J. Borenstein, « The CLAPPER: A dual-drive Mobile Robot with Internal Correction of Dead-reckoning Errors », International Conference on Robotics and Automation, vol. 3, pp. 3085–3090, University of Michigan, Ann Arbor, USA, 1995.

[30] J. Borenstein, L. Feng, « Correction of systematic odometry errors in mobile robots », International Conference on Intelligent Robots and Systems, vol. 3, pp. 569–574, Pittsburgh, Pennsylvania, 1995.

[31] J. Borenstein, L. Feng, « Measurement and correction of systematic odometry errors in mobile robots », IEEE Transactions on Robotics and Automation, vol. 12, pp. 869–880, University of Michigan, Ann Arbor, USA, 1996.

[32] J. Borenstein, « Experimental results from internal odometry error correction with the OmniMate mobile robot», IEEE Transactions on Robotics and Automation, vol. 14, pp. 963– 969, University of Michigan, Ann Arbor, USA, 1998.

[33] A. Courcelle, « Localisation d'un robot mobile : Application à l'aide à la mobilité des personnes handicapées moteur », Doctorat de l'université de METZ, France, Janvier 2000.

[34] G. Frappier, « Système inertiels de navigation pour robots mobiles », Séminaire "Les robots mobiles", EC2, Paris, 1990.

[35] A. Elfes, « Sonar-Based Real-Word Mapping and Navigation », IEEE Journal of Robotics and Automation, vol RA-3, n°3, pp.233-249, USA, June 1987.

Bibliographie

[36] POLAROUD 1991, « Ultrasonic ranging System », Product Literature. Polaroid Corporation, 784Memorial Drive, Combridge, Ma02139, 617-3863964.

[37] Airmar. Transducers and Sensors, 2004. http://www.airmar.com.

[38] EMS. Industrial Sensors and Controls, 2004. http://www.emssensors.com.

[39] Peter H. Dana. Global Positioning System Overview, 2001. http ://www.colorado.edu/geography/gcraft/notes/gps/gpsf.html.

[40] ESA. Galileo, Système européen de navigation par satellite, 2004. http://europa.eu.int/comm/dgs/energy transport/galileo/index fr.htm.

[41] Rafael C. Gonzalez et Richard E. Woods: Digital Image Processing. Addison-Wesley Longman Publishing Co., Inc., Boston, MA, USA, 2001.

[42] Emanuele Trucco et Alessandro Verri: Introductory Techniques for 3-D Computer Vision. Prentice Hall PTR, Upper Saddle River, NJ, USA, 1998.

[43] D. Létourneau, F. Michaud et J.-M. Valin : Autonomous robot that can read. EURASIP Journal on Applied Signal Processing, Special Issue on Advances in Intelligent Vision Systems: Methods and Applications, 2004.

[44] P. Moutarlier, R. Chatila, « An Experimental System for Incremental Environment Modelling by an Autonomous Mobile Robot », Experimental Robotics I, Springer Verlag, Vol 139, 1989, pp. 327-346.

[45] A. Elfes, L. Matthies, « Sensor Integration for Robot Navigation Combining Sonar and Stereo Range Data in a Gird Based Representation », IEEE Conference on Decision and Control, Los Angeles CA, December 1987.

[46] H. Bulata, « Modélisation d'un environnement structuré et localisation sur amers pour la navigation d'un robot mobile autonome », Thèse de l'université Paul Sabatier de Toulouse, mai 1996.

[47] T. Pannerec, M. Oussaleh, H. Maaref, C. Baaret, « Absolute localisation of a Miniature Mobile Robot Using Heterogeneous Sensors Comparison Between Kalman Filter and Possibility Theory », IMACS Multiconference on Computational Engineering in Systems Applications, Nabeul-Hammamat, Tunisie, April 1-4, 1998, pp.265-267.

[48] J.L. Crowley, « World modelling and position estimation for a mobile robot using ultrasonic ranging », Proceedings of the IEEE International Conference on Robotics and Automation. 1998.

[49] J. Borenstein, « Internal Correction of Dead-reckoning Errors With the Compliant Linkage Vehicle», Journal of Robotic Systems, Vol. 12, No. 4, pp. 257-273, University of Michigan, Ann Arbor, USA, April 1995.

[50] K.O. Arras, N. Tomatis, « Improving Robustness and Precision in Mobile Robot Localisation by Using Laser Range Finding and Monocular Vision », 3rd European Workshop on Advanced Mobile Robots (Eurobot'99), Zurich, Switzerland, September 6-8, 1999.

[51] T. Duckett and U. Nehmzow, « Experiments in evidence based localisation for a mobile robot », In D. Corne and J. L. Shapiro, editors, Proceedings of the AISB 97 workshop on Spatial Reasoning in Animals and Robots, Springer, 1997.

[52] S. Uchida, S. Maeyama, A. Ohya, S. Yuta, « Position Correction Using Elevation Map for Mobile robot on Rough Terrain », Proceedings of IEEE/RSJ International Conference on Intelligent Robots and Systems, IROS'98, Victoria, Canada, October 13-17, 1998, pp. 582-587.

Bibliographie

[53] B. J. Kuipers, Y. T. Byun. "A robot exploration and mapping strategy based on a semantic hierarchy of spatial representations". Robotics and Autonomous Systems, 8: 47– 63, 1991.

[54] S. Thrun. "Learning metric-topological maps maps for indoor mobile robot navigation". Artifcial Intelligence, 99(1) :21–71, 1999.

[55] H. Moravec, A. Elfes. "High resolution maps from wide angular sensors". In Proceedings of the IEEE International Conference On Robotics and Automation (ICRA-85). IEEE Computer Society Press, 1985.

[56] R. Chatila, J. Laumond. "Position referencing and consistent world modelling for mobile robots". In Proceedings of the IEEE International Conference on Robotics and Automation (ICRA-85), pages 138–170, 1985.

[57] A. Bazoula, Cours de vision par ordinateur, EMP, 2007/2008.

[58] http://fr.wikitionary.org/wiki/contour

[59] F. Espiau, "Métrologie 3D par vision active sur des objets naturels sous-marins", Thèse de Doctorat, INRIA Sophia Antipolis, Février 2009.

[60] R. Horaud, O. Monga, "Vision par ordinateur : Outils fondamentaux", Hermès 2ème Edition, 1995.

[61] I. Sobel, G. Feldman, "A 3x3 Isotropic Gradient Operator for Image Processing", Pattern Classification and Scene Analysis, Duda,R. and Hart,P., John Wiley and Sons,'73, pp271-2

[62] J. Prewitt, "Object enhancement and extraction". Picture Processing and Psychopictorics M. Academic Press, B.Lipkin and A.,Rosenfeld eds, NewYork,1970.

[63] L.G. Roberts, 'Machine perception of three dimensional solids". Optical and ElectroOptical Information Processing. J.T. Tippett ed. MTT Press, Cambridge, MA, 1965.

[64] PVC. Hough, "Methods and Means for Recognizing Complex Patterns". No.3, December 1962.

[65] A. Rosenfield, "Picture Processing by Computer", Academic, New York, 1969.

[66] R.O. Duda, PE Hart, "Use of the Hough Transformation to detect lines and curves in pictures", Communication of ACM, 15:11-15, January 1972.

[67] A. Kemmouche, *Cours de reconnaissance de formes*, U.S.T.H.B., 2007/2008.

[68] D.H. Ballard and C. Brown, "Computer vision", Prentice Hall Inc., Englewood Cliffs, New Jersey, USA, 1982.

[69] P. Bonnin, "Méthode systématique de conception et de réalisation d'applications en vision par ordinateur", Thèse de Doctorat de l'Université de Paris VII, 1991.

[70] Z. Haibo, Y. Kui, L. Jin-dong, " A Fast and Robust Vision System for Autonomous Mobile Robots'', Proc. Int. Conf. on Robotics, Intelligent Systems and Signal Processing, China , 2003.

[71] Kim, Kyung-Hoon, "Environment Recognition with Multiple Sensors and Mobile Robot Navigation Based on the Fuzzy Via-Point Selection Method", Doctoral Thesis, Korea Advanced Institute of Science and Technology, 2004.

[72] L. Matthies and A. Elfes, "Integration of Sonar and Stereo Range Data Using a Grid-Based Representation," Proc. IEEE Int. Conf. Rob. Auto., pp.727-733, 1988.

Bibliographie

[73] T. Duckett and U. Nehmzow, « Experiments in evidence based localisation for a mobile robot », In D. Corne and J. L. Shapiro, editors, Proceedings of the AISB 97 workshop on Spatial Reasoning in Animals and Robots, Springer, 1997.

[74] P.L. Bogler, "Shafer-Dempster reasoning with applications to multisensor target identification systems," IEEE Trans. Sys. Man and Cyb., vol. SMC-17, no. 6, pp. 968-977, 1987.

[75] W. J. Kim, A Fuzzy Approach to Sensory Data Fusion for Intelligent Robot Systems, Ph. D. dissertation, KAIST, 1994.

[76] J.A. Stover, D.L. Hall and R.E.Gibson, "A Fuzzy-Logic Architecture for Autonomous Multisensor Data Fusion," IEEE Tr. Industrial Electronics, vol. 43, no. 3, pp.403-410, 1996.

[77] J. L. Crowley, "Dynamic World Modeling for an Intelligent Mobile Robot Using a Rotating Ultra-Sonic Ranging Device," Proc. IEEE Int. Conf. Rob. Auto., pp.128-135, 1985.

[78] S. A. Shafer, A. Stentz and C. E. Thorpe, "An Architecture for Sensor Fusion in a Mobile Robot," Proc. IEEE Int. Conf. Rob. Auto., pp. 2002-2011, 1986.

[79] Cohen, Charles, Koss, Frank V., "A Comprehensive Study of Three Object Triangulation", Mobile Robots VII, SPIE Vol. 1831, 1992.

[80] Sena Esteves, A. Carvalho, C. Couto,"Generalized Geometric Triangulation Algorithm for Mobile Robot Absolute Self-Localization", IEEE, 2003.

[81] Lim Chee Wang, Lim Ser Yong, « Mobile Robot Localization for Indoor Environment», SIMTech Technical Report, Singapore Institute of Manufacturing Technology, Mechatronics Group, 2002.

[82] Richard Thrapp, Cristian Westbrook and Devika Subramanian, «Robust Localization Algorithms for an Autonomous Campus Tour Guide », Department of Computer Science, Rice University, Houston TX77005, USA, February 15, 2001.

[83] Raj Madhavan, Kingsley Fregene and Lynne E. Parker, « Destributed heterogeneous outdoor multi-robot localization », Center Engineering Science Advanced Research, Computer Science and Mathematics Division, Oak Ridge National Laboratory, Oak Ridge, TN 37831-6355, USA, 2002.

[84] Philippe Bonnifait, «Localisation Précise en Position et Attitude des Robots Mobiles d'Extérieur à Evolutions Lentes», Thèse, Ecole Doctorale Science pour l'ingénieur de Nantes, Spécialité : Automatique et Informatique Appliquée, le 24 Novembre 1997.

[85] A. Pruski, Robots mobiles autonomes, Techniques de l'ingénieur, vol. R 7 850-1, Université de Metz.

[86] A. Dechemi, N. Achour, "Reconnaissance d'environnement par fusion de données basée sur la logique floue", 6ème Conférence de génie électrique, Avril 2009.

[87] L.A. Zadeh, "Fuzzy Sets'', Information and control, vol.8, p. 338-353, 1965.

[88] B. Bouchon-Meunier, La logique floue, Collection : "Que sais-je ? ", Presse universitaire de France, 1993.

[89] E.H. Mamdani, "Application of Fuzzy Logic to Approximate Reasoning Using Linguistic Synthesis '', IEEE Trans on Computers, vol. 26, No. 12, pp. I 182-1191, December 1977.

[90] N. Achour, "Contribution à la Planification en Robotique Mobile", thèse de doctorat d'état, USTHB, 2004.

Bibliographie

[91] Y. Yagi, Y. Nishizawa, M. Yachida, «Map-based navigation for a mobile robot with omnidirectional image sensor COPIS », IEEE Transactions on Robotics and Automation, Vol. 11, n°5, p. 634-648, Osaka University, Japan, October 1995.

[92] K.H. Kim and H.S. Cho, "Range and Contour Fused Environment Recognition for Mobile Robot," Proc. Of Int. Conf. on Multisensors Fusion and Integration for Intelligent Sys., Baden-Baden, Germany, 2001.

Oui, je veux morebooks!

i want morebooks!

Buy your books fast and straightforward online - at one of world's fastest growing online book stores! Environmentally sound due to Print-on-Demand technologies.

Buy your books online at
www.get-morebooks.com

Achetez vos livres en ligne, vite et bien, sur l'une des librairies en ligne les plus performantes au monde!
En protégeant nos ressources et notre environnement grâce à l'impression à la demande.

La librairie en ligne pour acheter plus vite
www.morebooks.fr

VDM Verlagsservicegesellschaft mbH
Heinrich-Böcking-Str. 6-8   Telefon: +49 681 3720 174   info@vdm-vsg.de
D - 66121 Saarbrücken   Telefax: +49 681 3720 1749   www.vdm-vsg.de

Printed by Books on Demand GmbH, Norderstedt / Germany